二战兵器图鉴系列

# 北美重装

## ——二战美军重武器

第二版

军情视点 ◎编

化学工业出版社
·北京·

由于二战期间的美式武器装备种类繁多，所以本书主要以重型武器为主，如“科罗拉多”级战列舰、“约克城”级航空母舰和P-51“野马”战斗机等。对于所涉及的重武器，本书都有详尽的文字叙述，从研制背景、作战性能、实战表现三个方面入手，全方位进行展示。此外，本书还配有大量图片，从结构图到局部特写，应有尽有。

本书图文并茂，力图为读者还原最真实的二战以及二战美军重武器。本书不仅是广大青少年朋友学习军事知识的不二选择，也是军事爱好者收藏的绝佳对象。

**图书在版编目（CIP）数据**

北美重装：二战美军重武器/军情视点编. —2版. —北京：化学工业出版社，2017.10（2023.1重印）

（二战兵器图鉴系列）

ISBN 978-7-122-30549-7

Ⅰ. ①北… Ⅱ. ①军… Ⅲ. ①第二次世界大战-重型-武器-介绍-美国 Ⅳ. ①E92

中国版本图书馆CIP数据核字（2017）第217010号

责任编辑：徐 娟　　装帧设计：韩 飞

责任校对：王素芹

出版发行：化学工业出版社（北京市东城区青年湖南街13号 邮政编码100011）

印 装：大厂聚鑫印刷有限责任公司

710mm×1000mm 1/16 印张$15^1/_2$ 字数282千字 2023年1月北京第2版第3次印刷

购书咨询：010-64518888　　售后服务：010-64518899

网 址：http://www.cip.com.cn

凡购买本书，如有缺损质量问题，本社销售中心负责调换。

定 价：59.80元

# FOREWORD
# 前言

从某一角度来说，战争既是军备的缔造者，也是尖端科技的催生剂。风声鹤唳的战地中危机四伏，没有优良武器装备的支持，士兵举步维艰。所以，为武装己方军队，战争中的各国几乎拿出最先进的技术来打造装备。第二次世界大战（后文统称二战）期间，德军如此，美军更是如此。这从美军的战机、战舰以及战车等重武器中可略见一斑。

二战爆发后，美国最开始以“第三者”的角色为英国等国家提供武器上的支援，本国并不参与直接战斗，而是打算在战争的最后再去瓜分果实。不过，日本却让它的“美国梦”破灭。1941年，日本以快、准、狠的战术作风，对珍珠港实施突袭，致使美军损失惨重，美国宣布正式加入二战。之后，二者之间展开了激烈的军备竞赛。

在太平洋战争初期，日本的军舰、战机等重型武器在性能上略占优势，不过随着时间的推移，从战争中期开始，美军的舰载机等技术突飞猛进，使得日军的海上优势逐渐下滑。在陆地战场方面，由于美国曾一直在“幕后”为盟军提供武器，所以在它加入二战后，其包括坦克在内的各色战车技术并不落后，除了本书第一版中介绍的M26“潘兴”重型坦克、M8轻型装甲车等，还有第二版新增的M2中型坦克等。

美军加入二战，可以说是为盟军注入了强劲的战斗力，尤其是在武器装备方面。那么，二战期间美军到底有哪些主力武器，相信看过本书第一版的读者朋友已经有所了解，但由于篇幅限制，本书第一版只选用了具有代表性的部分武器，第二版中我们着重增加了战列舰的部分，除了补充遗漏的武器，还替换了部分图片。通过阅读本书，读者会对二战时期的美军重武器有一个全面和系统的认识，并对这场人类历史上最大的战争有一个全新的感悟。

作为传播军事知识的科普读物，最重要的就是内容的准确性。本书的相关数据资料均来源于国外知名军事媒体和军工企业官方网站等权威途径，坚决杜绝抄袭拼凑和粗制滥造。在确保准确性的同时，我们还着力增加趣味性和观赏性，尽量做到将复杂的理论知识用简明的语言加以说明，并添加了大量精美的图片。因此，本书不仅是广大青少年朋友学习军事知识的不二选择，也是军事爱好者收藏的绝佳对象。

参加本书编写的有丁念阳、黎勇、王安红、邹鲜、李庆、王楷、黄萍、蓝兵、吴璐、阳晓瑜、余凑巧、余快、任梅、樊凡、卢强、席国忠、席学琼、程小凤、许洪斌、刘健、王勇、黎绍美、刘冬梅、彭光华、邓清梅、何大军、蒋敏、雷洪利、李明连、汪顺敏、夏方平等。在编写过程中，国内多位军事专家对全书内容进行了严格的筛选和审校，使本书更具专业性和权威性，在此一并表示感谢。

由于时间仓促，加之军事资料来源的局限性，书中难免存在疏漏之处，敬请广大读者批评指正。

编者

2017年7月

# FOREWORD
# 第一版前言

从某一角度来说，战争既是军备的缔造者，也是尖端科技的催生剂。风声鹤唳的战地中危机四伏，没有优良武器装备的支持，士兵举步维艰。所以，为武装己方军队，战争中的各国几乎拿出最先进的技术来打造装备。第二次世界大战（后文统称二战）期间，德军如此，美军更是如此。这从美军的战机、战舰以及战车等重武器中可略见一斑。

二战爆发后，美国最开始以“第三者”的角色为英国等国家提供武器上的支援，本国并不参与直接战斗，而是打算在战争的最后再去瓜分果实。不过，日本却让它的“美国梦”破灭。1941年，日本以快、准、狠的战术作风，对珍珠港实施突袭，致使美军损伤惨重，美国宣布正式加入二战。之后，二者之间展开了激烈的军备竞赛。

在太平洋战争初期，日本的军舰、战机等重型武器在性能上略占优势。不过，随着时间的推移，从战争中期开始，美军的舰载机等技术突飞猛进，使得日军的海上优势逐渐下滑。在陆地战场方面，由于美国曾一直在“幕后”为盟军提供武器，所以当它加入二战后，其包括坦克在内的各色战车技术并不落后，例如书中所介绍的M26“潘兴”重型坦克、M8轻型装甲车等。

美军加入二战，可以说是为盟军注入了强劲的战斗力，尤其是在武器装备方面。那么，二战期间美军到底有哪些主力武器，相信不少军事爱好者都非常想了解。针对这一情况，本书选取来自二战期间的美式重型武器进行介绍，如“科罗拉多”级战列舰、“约克城”级航空母舰和P-51“野马”战斗机等。对于所涉及的重武器，本书都有详尽的文字叙述，从研制背景、作战性能、实战表现三个方面入手，全方位进行展示。此外，本书还配有大量图片，从结构图到局部特写，应有尽有。本书图文并茂，力图为读者还原最真实的二战以及二战美军重武器。

作为传播军事知识的科普读物，最重要的就是内容的准确性。本书的相关数据资料均来源于国外知名军事媒体和军工企业官方网站等权威途径，坚决杜绝抄袭拼凑和粗制滥造。在确保准确性的同时，我们还着力增加趣味性和观赏性，尽量做到将复杂的理论知识用最简明的语言加以说明，并添加了大量精美的图片。因此，本书不仅是广大青少年朋友学习军事知识的不二选择，也是资深军事爱好者收藏的绝佳对象。

参加本书编写的有丁念阳、黎勇、王安红、邹鲜、李庆、王楷、黄萍、蓝兵、吴璐、阳晓瑜、余凑巧、余快、任梅、樊凡。在编写过程中，国内多位军事专家对全书内容进行了严格的筛选和审校，使本书更具专业性和权威性，在此一并表示感谢。

由于时间仓促，加之军事资料来源的局限性，书中难免存在疏漏之处，敬请广大读者批评指正。

2015年是二战胜利70周年，仅以此套丛书献给为了人类的正义而浴血奋战过的反法西斯英雄们！

编者

2014年7月

CONTENTS

# 目录

# 第1章

# 重装悍将

## ——二战美军漫谈

太平洋战争期间，美国的武器装备发展得较快，尤其是空中和海上装备，这是因为它需要直接面对日本的攻击。当然，美国在诸如坦克之类的装甲战斗车辆方面也有不错的建树，为本国士兵以及盟军其他国士兵提供了有力的帮助，同时也为反法西斯战斗的胜利增加了一定的筹码。下面我们将带您走近美军，体验来自另一块大陆的军营风采。

# 1.1 二战美军兵力概览

## 1.1.1 步兵师编制

⊕ 美国海军陆战队成员乘坐半履带车前往前线

1940～1942年间，美国陆军每个步兵师约有军官630人，士兵14615人。每个步兵师的武器装备包括54门榴弹炮、68门反坦克炮、117门迫击炮、292挺机枪、35支冲锋枪、7317支步枪（含自动步枪）、7199支手枪，以及各种大小车辆1400余辆。

随着战争进程的推进，美军的编制根据战争实际需求进行了不断的调整。参考实战经验及装备发展，美军在1942～1943年间进一步对步兵师进行改组。在新的编制中，步兵师的人员数量下降了约8%。新的编制装备了M1半自动步枪，并将其作为步兵的标准武器，每个步兵师还装备了557部火箭筒。在反坦克武器上，57毫米反坦克炮取代37毫米反坦克炮，成为主要的反坦克火力，完全淘汰了旧式的75毫米榴弹炮，采用105毫米榴弹炮。在运输工具上，2.5吨载重车也取代1.5吨载重车，成为主要运输车辆，并装备了更多的吉普车和1/4吨尾车。

⊕ 美国海军陆战队在海滩前行

1943年美军编制的步兵师总数为14253人，除前述战斗部队外，还有工兵营、卫生营、补给连、通信连、弹药连以及宪兵排等师直属单位。但是，随着战争规模的逐步扩大，许多任务性配属给步兵师的单位渐渐成为了半永久性的建制单位，例如机械化骑兵连、野战炮兵营、化学兵营及其他坦克、驱逐坦克和防炮单位等。于是，1944年美军的步兵师日常管制人员数量超过了15000人。

正在观察本方战机的美军士兵

1944年，美军步兵师采用的编制是由1943年编制改良而来，采用了三三制，即师辖3个步兵团，每个团又下辖3个步兵营，全师总共9个营。此外，团部的直属单位还包括1个摩托化战防连和1个摩托化轻型榴弹炮连。

二战期间美军士兵合影

在美军步兵师的炮兵团中，编有三个摩托化轻型榴弹炮营和一个摩托化重型榴弹炮营，共有36门105毫米榴弹炮和12门155毫米榴弹炮。此外，美军步兵师还有一些额外的支持部队，包括独立炮兵营、独立防空营、独立坦克营、独立驱逐坦克营和机械化骑兵连等。机械化骑兵连主要配置M8装甲车。

城市攻坚战的美军士兵

## 1.1.2 装甲师编制

战地医生对受伤士兵进行急救

在二战结束前，美军共成立了16个装甲师，其中最早的5个装甲师是在1941年时才成立的。

第2和第3装甲师采用了1942年型重装师的编制，每个师拥有9个坦克营和3个装甲步兵营的超大编制。其余14个装甲师都采用3个坦克营和3个装甲步兵营的普通编制。

普通装甲师所辖单位除了师部之外，还包括3个战斗指挥部（Combat Command）、3个坦克营、3个装甲步兵营、3个装甲炮兵营、1个装甲工兵营、1个机械化骑兵侦搜营和后勤管理部队。此外，还会视实际情况增加额外的独立战防营和独立防空营等单位。其中，坦克营拥有76辆各式坦克，3个坦克营总计拥有228辆。

1943年后装甲师编制组成如下。

- 师部及师部连：师下设2个作战指挥部与1个预备指挥部，作战指挥部辖部不固定。
- 3个装甲营：每营包括3个中型坦克连（各17辆）、1个轻型坦克连（17辆）、营部排（2辆中型坦克，1辆半履带车）、侦察排（吉普车6辆）、武器排（2辆半履带车，3辆M4/105坦克或M8自行榴弹炮）。
- 3个装甲炮兵营，每营有M7自行榴弹炮18门。
- 3个装甲步兵营。
- 其他单位：装甲侦察营、工兵营、补给营、军械营、通信连、医疗队等。

全师1.1万余人，中型坦克168辆，轻型坦克64辆，自行榴弹炮54门，装甲车80辆，自行反坦克炮36辆，迫击炮94门，火箭筒669具，机枪940挺，其他各种车辆将近1500辆。

## 1.1.3 空降师编制

美军于1942年开始建立空降师，创建之初编制较小，每个空降师辖2个伞降步兵团、1个滑翔机步兵团、1个炮兵营及一些附属部队，总计约8500人。

空降师的主要武器装备包括82毫米迫击炮、76毫米驮载式榴弹炮、57毫米反坦克炮、37毫米高射炮等。后来进行了扩编，每个空降师增设1个伞兵团或滑翔机团，炮兵营也扩编为炮兵团，人数达到12799人。

密林中等待伏击的美军空降兵

# 1.2 二战美军部队及武器概述

## 1.2.1 著名美国军工企业

### 1.2.1.1 波音公司

全称：波音公司（Boeing Company）
创始人：威廉·爱德华·波音
成立时间：1916年7月15日
总部地点：伊利诺伊州芝加哥
战时产品：B-17“空中堡垒”轰炸机、B-29“超级堡垒”轰炸机

波音公司是美国一家开发及生产飞机的公司，在航空业上拥有颇高的占有率。二战期间，波音公司为美军研制了多款轰炸机，为战争的胜利做出了重要贡献。目前，波音公司已与麦克唐纳·道格拉斯公司完成合并，成为世界上航空航天领域规模最大的公司。

### 1.2.1.2 麦克唐纳·道格拉斯公司

全称：麦克唐纳·道格拉斯公司（McDonnell Douglas）
创始人：詹姆斯·史密斯·麦克唐纳、唐纳德·威尔士·道格拉斯
成立时间：1920年（道格拉斯公司）、1928年（麦克唐纳飞行器公司）
总部地点：加利福尼亚州洛杉矶（道格拉斯公司）、
密苏里州圣路易斯（麦克唐纳飞行器公司）
战时产品：C-47运输机、A-20攻击机、A-26攻击机

麦克唐纳·道格拉斯公司是由道格拉斯公司和麦克唐纳飞行器公司于1967年4月28日合并而成。合并前的两个公司都曾是美国著名的飞机制造商，在二战期间为美军研制了多种军用飞机。目前，麦克唐纳·道格拉斯公司已被波音公司合并。

### 1.2.1.3 北美航空公司

全称：北美航空公司（North American Aviation Inc.）
创始人：克莱门特·凯斯
成立时间：1928年12月6日
总部地点：加利福尼亚州洛杉矶
战时产品：T-6“德州佬”教练机、B-25“米歇尔”轰炸机、
P-51“野马”战斗机

北美航空公司是美国的一家航空制造企业，在二战期间生产了大名鼎鼎的P-51“野马”战斗机以及B-25“米歇尔”轰炸机。1967年，北美航空公司同洛克维尔-标准公司（Rockwell-Standard Corporation）合并成为北美洛克维

尔公司（North American Rockwell Corporation）。1996年，该公司作为洛克维尔国际的一部分被波音公司收购。

### 1.2.1.4 克莱斯勒汽车公司

全称：克莱斯勒汽车公司（Chrysler Corporation）

创始人：沃尔特·克莱斯勒

成立时间：1925年

总部地点：密歇根州海兰德帕克

战时产品：Willys MB吉普车、道奇T-214中型吉普车

克莱斯勒汽车公司成立于1925年，曾是美国第三大汽车制造企业，目前已被菲亚特汽车公司收购并重组。克莱斯勒旗下拥有克莱斯勒、道奇、Jeep和顺风等品牌，其创始人沃尔特·克莱斯勒曾就职于通用汽车公司。1936～1949年，克莱斯勒曾一度超过福特汽车公司，成为美国第二大汽车公司。二战期间，克莱斯勒公司的产品，从汽车、枪炮、军需用品到信息采集技术，都从美国和加拿大出口到海外去支持同盟国的武装力量。此外，当时尚未并入克莱斯勒的威利斯·欧弗兰特公司还研制了日后大名鼎鼎的吉普车。

### 1.2.1.5 诺斯洛普·格鲁曼公司

全称：诺斯洛普·格鲁曼公司（Northrop Grumman）

创始人：约翰·诺斯洛普、罗伊·兰德尔·格鲁曼、佳克·斯沃布尔

成立时间：1927年

总部地点：科罗拉多州丹佛市

战时产品：P-61“黑寡妇”战斗机、F4F“野猫”舰载机、F6F“地狱猫”舰载机

诺斯洛普·格鲁曼公司由诺斯洛普公司和格鲁曼公司于1994年合并而成。二战期间，合并前的两家公司都曾为美军生产过相当数量的军用飞机。目前，诺斯洛普·格鲁曼公司是世界第四大军工生产厂商，世界上最大的雷达制造商和最大的海军船只制造商。

## 1.2.2 二战美军著名部队

### 1.2.2.1 陆军第1步兵师

在美国陆军中，有一个与美国陆军现代发展史密不可分的作战师：第1机械化步兵师。因其在美国陆军史上占有多项“第一”，所以又被美国人称为“大红1师”。

第1步兵师徽章

在第一次世界大战（以下简称一战）中，第1步兵师第一个与敌军交火，第一个出现伤亡，第一个抓到俘虏，第一个攻入法国；在二战中，第1步兵师第一个到达英国，第一个在北非、西西里和法国登陆，第一个突破德国西部的齐格菲防线。第1步兵师还是一支以狂妄傲慢闻名的部队。它一贯以王牌自居，骄横跋扈，目空一切。该师的师训这样写道：“没有什么困难不能克服，没有什么牺牲不能付出，任务第一，职责至上！”

第1步兵师在渡河

第1步兵师在诺曼底登陆

在北非战场上的第1步兵师士兵

### 1.2.2.2 陆军第101空降师

美国陆军第101空降师现称为第101空中突击师，目前是美国陆军唯一主要依靠直升机进行空中机动作战的快速反应部队。由于其军服臂章上有一个正在嚎叫的白色鹰头，因此被称为“鹰师”或“嚎叫的鹰”。

第101空降师徽章

第101空中突击师的历史可追溯到一战。1917年，战争双方经过几年的反复较量，两败俱伤，处于战略相持阶段。1917年4月，美国向德国宣战。为了满足向欧洲不断派出远征军的需要，于1918年7月23日正式组建第101步兵师，但还未来得及出征，欧洲战事便已停止。1918年11月11日一战结束，第101步兵师便退出现役。1921年，第101步兵师经过改编，成为一支预备役部队，司令部设在威斯康星州密尔沃基。1942年8月15日，第101预备役步兵师被解散。翌日，美陆军正式组建第101空降师，其人员和装备主要来自第82摩托化步兵师。8月

空降至荷兰后，士兵检查破损的滑翔机

19日，威廉·C·李准将出任第101空降师首任师长。

1944年秋，第101空降师参加了有史以来规模最大和最为大胆的空降作战行动——“市场-花园作战行动”。英国第1空降师、美国第82和第101空降师伞降进入荷兰的一条狭窄走廊，夺占一系列重要桥梁。与此同时，英国第2集团军从比利时向荷兰推进，迅速通过夺占的桥梁，最后在阿纳姆跨过莱茵河，卷击德国鲁尔区。

⊕ 艾森豪威尔视察第101空降师

⊕ 第101空降师的官兵在法国集结

二战后，第101空降师逐渐从降落伞机动向直升机机动转变，并先后更名为“第101空中骑兵师”、“第101空中机动师”。1974年，该师正式更名为“第101空中突击师”，实现了由降落伞机动作战向直升机机动作战的转变。

### 1.2.2.3 陆军第82空降师

第82空降师是美国陆军中最早建立的空降师，二战中屡立奇功。目前，第82空降师是美国唯一的现役正规空降师，仍活跃在美军的各个战场中。

第82空降师的前身是成立于1917年8月25日的第82步兵师，由于该师初建时的官兵全部来自美国所有的48个州，因此它获得了“全美师”的美称。一战结束后，第82步兵师转为后备役。二战爆发后，第82步兵师于1942年3月重新加入现役，布莱德利少将任师长。当年8月，第82步兵师以其出色的训练水准和高昂的士气，被改编为美军第一个空降师，首任师长为李奇微将军。当时，全师共拥有3个团。

⊕ 第82空降师徽章

㊀ 第82空降师的工兵

㊀ 野外战斗中的第82空降师

㊀ 城镇中作战的第82空降师

### 1.2.2.4　陆军第2装甲师

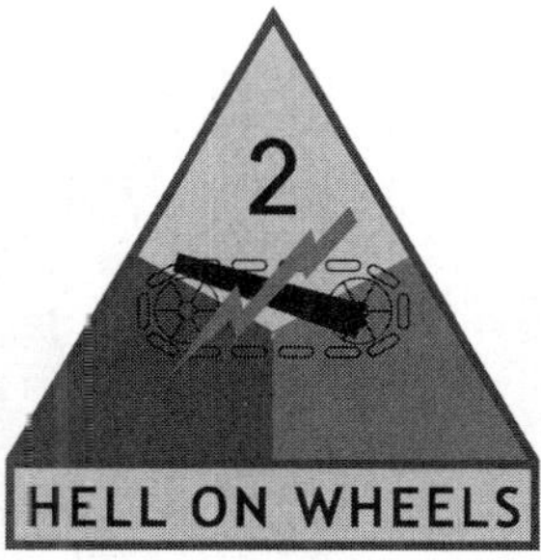


㊀ 第2装甲师徽章

美国陆军第2装甲师被称为“活动地狱”。1942年11月，第2装甲师的部分兵力参加了“火炬行动”，在卡萨布兰卡登陆。全师第一次大规模出动则是在1943年7月的西西里登陆，该师一直推进到巴勒莫。

1944年6月，第2装甲师在诺曼底登陆。在盟军的“眼镜蛇作战”中，该师突破了德军右翼。第2装甲师在阿夫朗什击退德军反攻后，和第3集团军1部一起高速横穿法国，到9月就推进到了比利时的阿尔伯特海峡，甚至一度攻入德国境内，但不久就被迫转入防御。

第2装甲师的战车

突进到城镇中的第2装甲师

1944年10月，第2装甲师参与对齐格菲防线的进攻，11月占领巴门。该师随即转向北面，增援著名的突出部战役。在此战中，该师重创德国国防军王牌第2装甲师，击退了德第5装甲集团军，因而赢得了“活动地狱”的称号。随后，该师又横穿阿登森林，收复列日察。

休息娱乐中的第2装甲师

1945年3月，第2装甲师参与了鲁尔战役，渡过莱茵河后快速行军，成为全军第1支到达易北河的部队，因军令被停了下来。战争结束后，7月，该师进入西柏林，成为美军第一支进入柏林的部队。

第2装甲师战斗群

# 第2章

# 移动堡垒

## ——战车

平心而论，在二战初期，美国的坦克等战车确实不如德军，但是随着自身技术的革新以及绝对数量的优势，美军战车渐渐崛起，例如M26“潘兴”重型坦克能与德军的“虎”式重型坦克抗衡。此外，诸如M8轻型装甲车等战车的性能，相比德军同类武器而言有着巨大优势，因此在战场上能更好地掩护步兵突进。下面我们将带您走近二战美军战车，看看它们轰毁德军战车的英姿。

# 2.1 坦克

## M4“谢尔曼”中型坦克

| 长度 | 5.84米 | 重量 | 30.3吨 |
|---|---|---|---|
| 宽度 | 2.62米 | 最大速度 | 48千米/小时 |
| 高度 | 2.74米 | 最大行程 | 193千米 |

M4“谢尔曼”（M4 Sherman）是美国在二战时研制的中型坦克。除了美国之外，它还曾服役于苏联、英国等盟军成员国，其火力和防护力与同时期的德国坦克相比逊色不少，但在机动性和数量上占有较大优势。

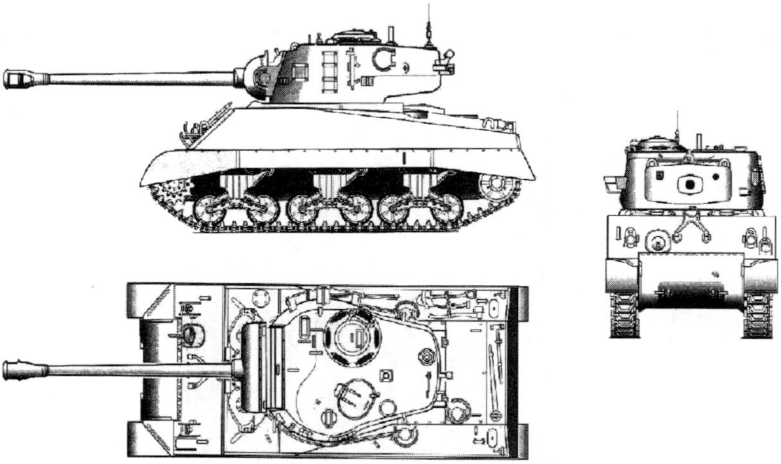

↑ M4“谢尔曼”中型坦克三视图

## 研制背景

M4“谢尔曼”中型坦克于1940年8月开始研制，1941年9月定型并命名。“谢尔曼”之名为英军所取，来源是美国南北战争中北军的将军威廉·特库赛·谢尔曼（William Tecumseh Sherman）。在二战中，美国研制坦克的厂家主要是通用、福特、克莱斯勒等汽车厂，采用的是亨利·福特倡导的生产线原理，因此能够大批量生产，并且大幅度降低了成本。美国在二战期间总共生产了各种装甲战车28.7万辆，其中包括将近5万辆“谢尔曼”中型坦克。该坦克的尺寸是参照美国“自由轮”的船舱设计，非常便于远洋运输。“谢尔曼”的型号十分繁杂，仅美国官方公布的M4系列改进型车、变型车和实验型车就有50多种。

休整中美军士兵与M4“谢尔曼”中型坦克

M4“谢尔曼”中型坦克掩护步兵

### 知识链接

“自由轮”是美国在二战期间大量制造的货轮，它建造迅速、价格便宜，堪称战时美国工业的一种象征。美国舰队购买了大量的“自由轮”来替代被德国潜艇击沉的商船，同时，也有很多“自由轮”提供给英国。

## 作战性能

（1）火力配置

“谢尔曼”装备1门M3型75毫米L/40加农炮，能够在1000米距离上击穿62毫米钢板。改进型M4A3换装1门75毫米53倍身管火炮，1000米距离上的穿甲能力增强到89毫米。该坦克的炮塔转动装置是二战时期最快的，转动1周的时间不到10秒。“谢尔曼”还是二战时唯一装备了垂直稳定器的坦克，能够在行进中瞄准目标开炮。即使如此，该坦克的火力依然比不上德国“虎”式、“豹”式坦克。

具有“鸭嘴”延长端连接器的M4谢尔曼

（2）装甲防护

“谢尔曼”坦克的正面和侧面装甲厚50毫米，正面有47度斜角，防护效果相当于70毫米，侧面没有斜角。炮塔正面装甲厚88毫米。德军四号坦克在1000米以外、“虎”式和“豹”式坦克在2000米以外，就能击穿“谢尔曼”的正面装甲。雪上加霜的是，“谢尔曼”坦克外形线条瘦高，早期型号高2.8米，改进型号高达3.4米，行进在战场上如同招摇过市，是德军坦克的最佳目标。美军第3装甲师在诺曼底战役中共有648辆“谢尔曼”被击毁报废，另有700辆被击伤，修复以后重上战场，战损率高达58%。

城镇中的M4“谢尔曼”中型坦克

（3）机动性能

从大量的德军“虎”“豹”坦克被“谢尔曼”坦克从侧翼击毁可以看出，“谢尔曼”的机动能力是相当不错的。“谢尔曼”的500马力汽油发动机是二战最优秀的坦克引擎之一，使“谢尔曼”具有47千米/小时的最高公路时速，有助于机动作战。“谢尔曼”的动力系统坚固

M4“谢尔曼”中型坦克与美军步兵

耐用，只要定期进行最基本的野战维护即可，无须返厂大修。该坦克性能可靠，故障极少，出勤率大大高过德军坦克。“谢尔曼”的缺点在于汽油发动机非常容易起火爆炸，这个弊病使“谢尔曼”坦克获得了“朗森打火机”的绰号，因为这个打火机的广告词是“一打就着，每打必着”。

## 实战表现

↑ 美军士兵搭乘M4“谢尔曼”中型坦克

“谢尔曼”并不是二战中性能最佳的中型坦克，但其巨大的装备数量加上蒙哥马利、巴顿等名将精明的运用，使它在盟军的武器装备序列中占有重要地位。1942年春天，“谢尔曼”首次出现在北非战场。由于它在战场上的出色表现，很快赢得坦克手们的青睐。战争中后期，“谢尔曼”在反法西斯战场上发挥了重要作用。二战后，许多从美军退役的“谢尔曼”成了一些中、小国家军队的宝贝，直到今天仍有一部分在发挥作用。

↑ 两栖登陆战中的M4“谢尔曼”中型坦克

# M26“潘兴”重型坦克

| 长度 | 8.65米 | 重量 | 41.9吨 |
| --- | --- | --- | --- |
| 宽度 | 3.51米 | 最大速度 | 40千米/小时 |
| 高度 | 2.78米 | 最大行程 | 161千米 |

M26“潘兴”（M26 Pershing）坦克是美国于二战末期研制的一款重型坦克，主要用于对付德军的“虎”式重型坦克，战争结束共生产了1436辆。

↑M26“潘兴”重型坦克三视图

## 研制背景

二战期间，美国曾以M4“谢尔曼”中型坦克的数量优势来对付德国坦克的质量优势，但美国人并不甘心在坦克技术上处于劣势，于1942年研制出第一辆重型坦克T1E2。后在该坦克的基础上又发展成M6重型坦克，其性能虽然优于德国的“黑豹”中型坦克，但赶不上德国的“虎”式重型坦克。为改变M6重型坦克的劣势，美国发展了两种坦克，即T25和T26。这两种坦克都采用新型的T7式90毫米火炮。其中，T26得到了优先发展，其试验型有T26E1、T26E2和T26E3共3种型号。T26E3在欧洲通过了实战的考验，于1945年1月定型生产，称为M26重型坦克，以美国名将“铁锤将军”约翰•潘兴（John Pershing）将军命名。

爬坡中的M26“潘兴”重型坦克

M26“潘兴”重型坦克编队

## 作战性能

（1）火力配置

“潘兴”装备的90毫米M3坦克炮穿透力极强，能在1000米穿透147毫米厚的装甲，虽然比起德军“虎王”重型坦克和苏军IS系列坦克等重型坦克仍有一定差距，但已足够击穿当时大多数坦克的装甲。该炮可使用曳光被帽穿甲弹、曳光高速穿甲弹、曳光穿甲弹和曳光榴弹，弹药基数为70发。火炮的方向射界为360度，炮塔旋转360度需17秒，高低射界为–10度到+20度。该坦克的辅助武器是1挺12.7毫米高射机枪和2挺7.62毫米机枪，弹药基数分别为550发和5000发。

（2）装甲防护

“潘兴”的车体为焊接结构，其

整装待发的M26“潘兴”重型坦克战斗群

美军士兵在清扫地雷，为M26“潘兴”重型坦克开路

侧面、顶部和底部都使用轧制钢板制造，而前面、后面及炮塔则是铸造的。车体前上装甲板厚120毫米，前下装甲板厚76毫米。侧装甲板前部厚76毫米，后部厚51毫米。后面上装甲板厚51毫米，下装甲板厚19毫米。炮塔前装甲板厚102毫米，侧面和后部装甲板厚76毫米，防盾厚114毫米。车内设有专用加温器，供驾驶室和战斗室的乘员取暖。

（3）机动性能

“潘兴”装载的发动机是由福特公司开发的GAF型V形8缸液冷汽油发动机，输出功率为368千瓦，在转速为2600转/分时，功率为373千瓦。该发动机的可靠性得到很高评价，被认为是装甲车的标准发动机，发动机因采用一种新型双室汽化器而降低了高度。“潘兴”的机动能力较德国“虎王”重型坦克强很多，其公路速度为48.3千米/小时，越野速度也达到20千米/小时以上，公路行程达到200千米。

越野中的M26“潘兴”重型坦克

## 实战表现

欧洲战场参战接近尾声时，美军只有第3和第11装甲师配备了310辆M26“潘兴”重型坦克，在与德军“虎”式等坦克的交战中各有胜负。不过值得一提的是，一辆M26“潘兴”在渡过鲁尔河时，被两发150毫米榴弹击中车体却未被击穿，仅仅瘫痪；另外一辆超级M26“潘兴”曾在近距离挡下“虎”式重型坦克的攻击并击毁对方，但是曾有人怀疑那辆实际上是四号坦克。太平洋战场方面，M26“潘兴”重型坦克于1945年4月才在冲绳战役抛头露面。战斗中，M26“潘兴”的性能优势相当显著，日军一些反坦克炮的攻击如同“挠痒痒”，可以说，日军前线单位几乎不存在任何击溃该坦克的手段。

战斗中的M26“潘兴”重型坦克

额外装甲的M26“潘兴”重型坦克

# M3/M5“斯图亚特”轻型坦克

| | | | |
|---|---|---|---|
| 长度 | 4.84米 | 重量 | 15.2吨 |
| 宽度 | 2.23米 | 最大速度 | 58千米/小时 |
| 高度 | 2.56米 | 最大行程 | 160千米 |

M3/M5“斯图亚特”是美国在二战中制造数量最多的轻型坦克，其在英军服役时被该国以美国南北战争名将斯图亚特（J.E.B. Stuart）命名。它是美国及其盟国在二战中使用最广泛的轻型坦克，从欧洲、北非到菲律宾，甚至是东南亚丛林以及岛屿上都有它的踪迹。

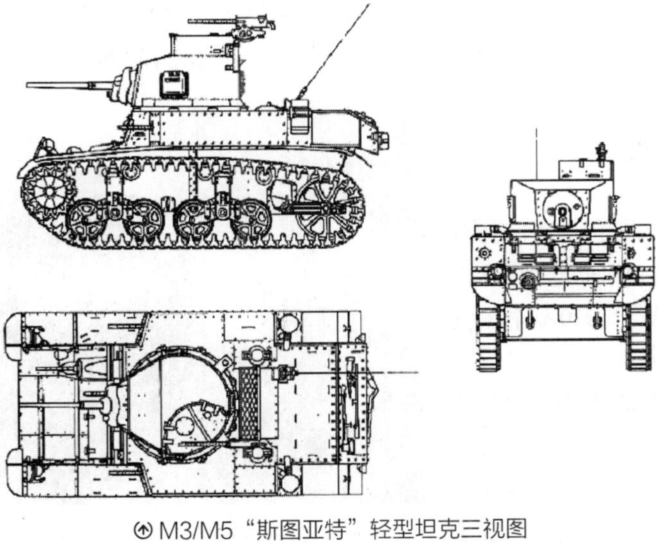

⊕ M3/M5“斯图亚特”轻型坦克三视图

## 研制背景

在加拿大基地Borden博物馆展出的M5坦克

二战初期，随着欧洲形势日渐紧张，美国坦克设计师意识到M2轻型坦克已经过时，于是进行了整体升级计划。之后，美国对1938年推出的M2A4轻型坦克设计进行强化，包括更换引擎、厚实装甲，以及采用加入避弹设计炮塔和新的37毫米主炮等。新的坦克被命名为M3轻型坦克，于1941年3月至1943年10月间生产，由美利坚汽车与铸造公司（American Car and Foundry Company）负责。实战中，M3轻型坦克的使用单位抱怨其火力不足，于是美国设计师对它进行了改进，形成了M5轻型坦克。M5自1942年开始生产后，逐渐取代了M3。1944年，M3/M5被M24轻型坦克取代。

美军基地中的M3/M5“斯图亚特”轻型坦克

## 作战性能

如同其前身M2A4坦克，M3/M5装备1门37毫米M5主炮，以及3挺M1919A4机枪：1挺与主炮同轴，1挺在炮塔顶端，1挺在副驾驶座前方。车身采用斜面设计，并将驾驶舱盖移到上方，但由于车身过高且有许多棱角，给了

城镇作战的M3/M5“斯图亚特”轻型坦克

对手很大的射击面积。M3/M5使用2具新式凯迪拉克7汽缸辐射型引擎（星形发动机），总功率为184千瓦。1941年，由于引擎材料开始短缺，有约500辆M3/M5改装上了吉伯森（Guiberson）T-1020柴油引擎。

M3/M5“斯图亚特”轻型坦克翻越障碍

## 实战表现

美军第一次于实战中使用M3/M5是在菲律宾以少量坦克投入巴丹半岛的战事。1942年年底，当美军参与北非战事时，M3/M5仍是其主要的装甲武力。然而，在历经了惨痛的加查拉战役后，美军体悟到M3/M5完全不是德军四号和“虎”式坦克的对手，于是采取英国的做法，解散大部分轻型坦克营改为侦察之用。

美军士兵与M3/M5“斯图亚特”轻型坦克

英国陆军也曾装备过M3/M5轻型坦克。1941年11月，大约170辆M3/M5轻型坦克参与了北非战场的十字军行动，但结果令人失望。实战结果显示，M3/M5轻型坦克较德军坦克落后，其主要缺陷在于37毫米主炮威力太弱，以及拙劣的内部配置，尤其是炮塔的双人乘组方式令人诟病。此外，M3/M5的履带宽度太窄，接地压力太高。但M3/M5也获得若干正面评价，乘员们喜欢其速度和机械可靠性，因此昵称它为“甜心”。

M3/M5“斯图亚特”轻型坦克战斗群

慢速行驶中的M3/M5“斯图亚特”轻型坦克

## M24“霞飞”轻型坦克

| | | | |
|---|---|---|---|
| 长度 | 5.56米 | 重量 | 18.4吨 |
| 宽度 | 3米 | 最大速度 | 56千米/小时 |
| 高度 | 2.77米 | 最大行程 | 160千米 |

M24“霞飞”（Chaffee）是美国在二战中期开始使用的一种轻型坦克，主要用于取代M3/M5“斯图亚特”轻型坦克。除美国外，法国、希腊、巴基斯坦、菲律宾和沙特阿拉伯等国也有采用。

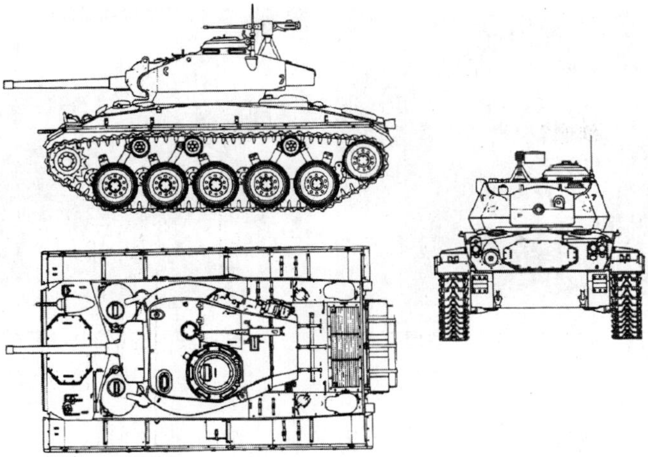

Ⓐ M24“霞飞”轻型坦克三视图

## 研制背景

Ⓐ 美军士兵正在检测M24“霞飞”轻型坦克

20世纪40年代，为了取代M3/M5“斯图亚特”轻型坦克，美国陆军决定以它的动力系统，加上改良的悬吊系统与75毫米火炮，25.4毫米厚度装甲，以及重量不超过16吨作为新式轻型坦克的设计标准。遗憾的是，M3/M5“斯图亚特”轻型坦克的炮塔空间过小，无法安装75毫米炮，而其他型号的坦克也无法达到标准。于是，通用汽车凯迪拉克汽车部门便展开了名为T-24的新一代轻型坦克的研制计划。1943年10月15日，新一代轻型坦克定型并命名为“霞飞”轻型坦克，1944年3月开始量产，1944年12月开始装备位于法国的美军第二骑兵群，并参与了突出部战役。

## 作战性能

Ⓐ M24“霞飞”轻型坦克改装的自行火炮

（1）火力配置

M24轻型坦克的主炮为75毫米M6火炮，具备击毁德国四号坦克的能力。此外，该坦克还配有2挺7.62毫米机枪和1挺12.7毫米机枪作为辅助武器。

㊉ 保存完好的M24“霞飞”轻型坦克

㊉ 行驶中的M24“霞飞”轻型坦克

（2）装甲防护

M24作为轻型坦克，其装甲较为薄弱，车身装甲厚度13～25毫米，炮塔13～38毫米。德国坦克和反坦克武器可以较轻松地将其摧毁，甚至单兵反坦克武器也可将其击穿。

（3）机动性能

M24轻型坦克采用2台凯迪拉克44T24 V8水冷4冲程汽油发动机，输出功率为164千瓦；采用液压机械式传动装置和独立扭杆式悬挂装置，最大行驶速度56千米/小时，最大行程161千米。

## 实战表现

M24“霞飞”轻型坦克堪称二战中性能最好的轻型坦克之一。它虽然是轻型坦克，但拥有1门75毫米口径主炮，火力较强。不过该坦克的装甲防护较差，容易被敌方坦克甚至单兵反坦克武器击毁。除二战外，M24“霞飞”还参与了越南战争、第三次印巴战争。1973年，挪威还将79辆M24升级为驱逐坦克使用，并服役到1993年。

㊉ 夜间作战的M24“霞飞”轻型坦克

㊉ M24“霞飞”轻型坦克趟过泥水

# M2轻型坦克

| 长度 | 4.43米 | 重量 | 11.6吨 |
|---|---|---|---|
| 宽度 | 2.46米 | 最大速度 | 58千米/小时 |
| 高度 | 2.64米 | 最大行程 | 320千米 |

M2轻型坦克（M2 Light Tank）是美国在太平洋战争初期使用的轻型坦克。虽然只有少数M2参加战斗，但却是二战期间美国轻型坦克发展路线的重要一步。

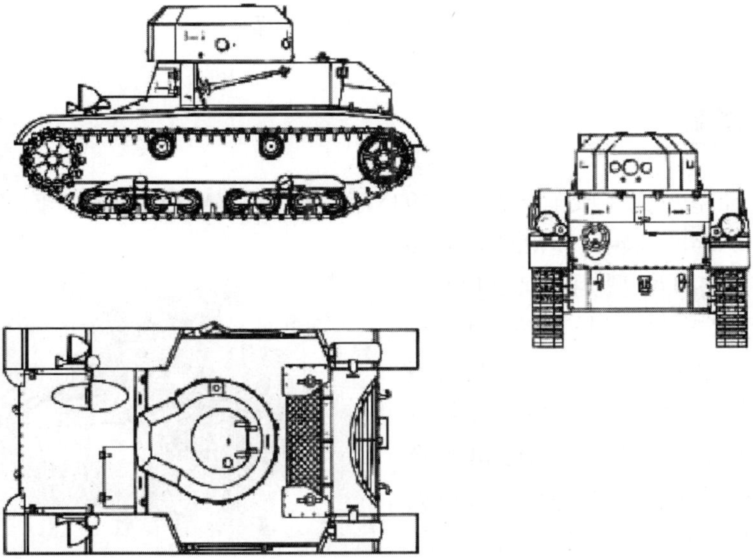

↑ M2轻型坦克三视图

## 研制背景

接受检验的M2轻型坦克

1935年，美国根据英国维克斯MK.E坦克研制了M2轻型坦克，其主要武器是1挺安装在单人炮塔里的12.7毫米机枪。在交付了10辆样车之后，美军认为单一的机枪威力和射击范围有限，于是决定改用双炮塔型，也就是独立的2个小机枪塔，各自安装1门7.62毫米机枪。西班牙内战之后，美国认识到自己的装甲部队需要更先进的坦克，于是将M2轻型坦克的双机枪塔换成了1个安装37毫米炮的炮塔，同时将装甲增强到25毫米，并改善了车体悬挂、动力传输和发动机冷却装置。

服役中的M2轻型坦克

## 作战性能

M2轻型坦克主要有M2A1（1935年，10辆）、M2A2（1935年，239辆）、M2A3（1938年，72辆）和M2A4（1940年，375辆）4种型号。M2A1仅有1个装备12.7毫米机枪的单人炮塔，M2A2装有2个各自安装1门7.62毫米机枪的双人炮塔，M2A3主要加厚了装甲并提高了底盘，M2A4改换装有37毫米炮的单人炮塔。该坦克通常有4名乘员，即指挥官、炮手、驾驶员和副驾驶员。

M2轻型坦克翻越障碍

M2轻型坦克编队

## 实战表现

1940年，法国被德国迅速占领后，极大地刺激了美国的坦克项目。美军开始在1940年7月组建独立的装甲部队，而M2轻型坦克的各种改型就是新装甲部队的主要武器。1940年7月后，在M2轻型坦克的基础上，M3轻型坦克被制造出来。1941年3月，M2轻型坦克正式宣布停止生产，让位给M3轻型坦克。1941年12月前，M2轻型坦克已经退出作战序列，成为训练坦克。即使这样，还是有几辆M2A4型坦克参加了瓜达尔卡纳尔岛战役。直到1943年，美国海军陆战队一直使用这些坦克与日军进行岛屿争夺战。

行进中的M2轻型坦克队伍

# M22“蝗虫”轻型坦克

| | | | |
|---|---|---|---|
| 长度 | 3.94米 | 重量 | 7.4吨 |
| 宽度 | 2.16米 | 最大速度 | 64千米/小时 |
| 高度 | 1.85米 | 最大行程 | 217千米 |

M22是美国于20世纪40年代研制的轻型坦克，英国曾根据《租借法案》接收该坦克，并将其命名为“蝗虫”（Locust）。

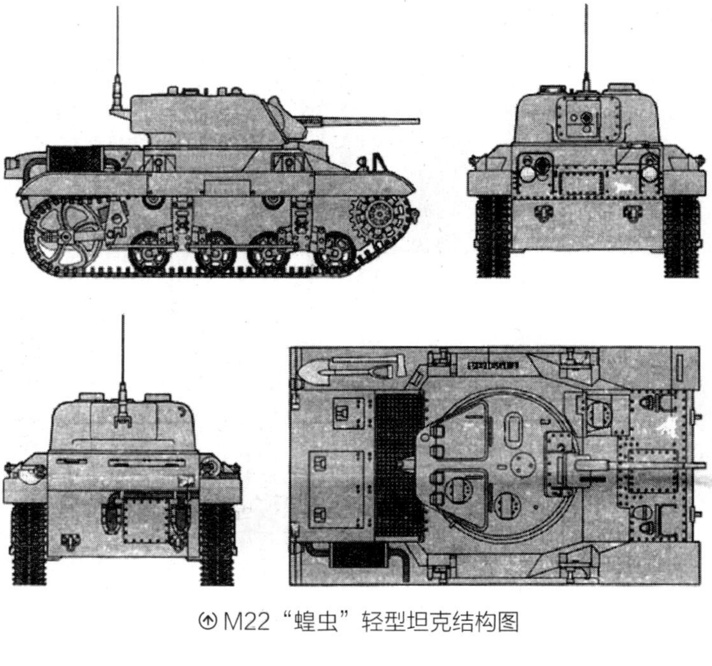

Ⓜ M22“蝗虫”轻型坦克结构图

## 研制背景

M22“蝗虫”轻型坦克与美军士兵

1941年2月27日，美国装甲兵委员会、美国陆军航空队和军械局的代表开会商讨空降坦克及运载飞机的可行性设计，并引起了英国坦克采购委员会的浓厚兴趣。1941年5月，军械局第16747号文件将空降坦克正式立项，并命名为T9轻型坦克。当年8月，玛蒙·哈宁顿公司提交了自己的设计方案，最终被军方认可，并于1942年4月接收了首辆样车。1943年4月，T9E1型在玛蒙·哈宁顿工厂投入量产。同年9月，该坦克被划分为限制标准型，并重新命名为M22轻型坦克。

## 作战性能

M22采用莱康明（Lycoming）航空发动机和玛蒙·哈宁顿悬挂装置，战斗全重7.4吨，采用119千瓦的Lycoming O-435T气冷式汽油发动机，最大时速56千米，前部大角度倾斜装甲厚13 毫米。坦克载油量57加仑（215.6升），最大行程176千米。该坦克的主要武器包括1 门M6型37毫米炮和1挺7.62毫米同轴机枪，车前安装2 挺7.62毫米航向机枪，标准乘员3人。

从机舱中驶出的M22“蝗虫”轻型坦克

## 实战表现

总的来看，M22的机动性不错，但火力明显不足，防护力也差些，再加上空运麻烦，这种先天性的缺陷，使它很难达成战役上的突然性。玛蒙·哈宁顿公司生产了830辆M22坦克，有570辆装备美军，260辆装备英军。然而，美军的M22一次也没有投入实战。倒是英军的M22坦克于1945年3月24日参加了莱茵河战役，参加作战的是英军的第六空降师。这是M22唯一一次投入实战的战例。二战之后，M22轻型坦克便退出了现役。

战地中损坏的M22“蝗虫”轻型坦克

## M2中型坦克

| | | | |
|---|---|---|---|
| 长度 | 5.38米 | 重量 | 18.7吨 |
| 宽度 | 2.59米 | 最大速度 | 42千米/小时 |
| 高度 | 2.82米 | 最大行程 | 210千米 |

M2中型坦克是由岩岛兵工厂制造的一款美国军队常用的坦克。

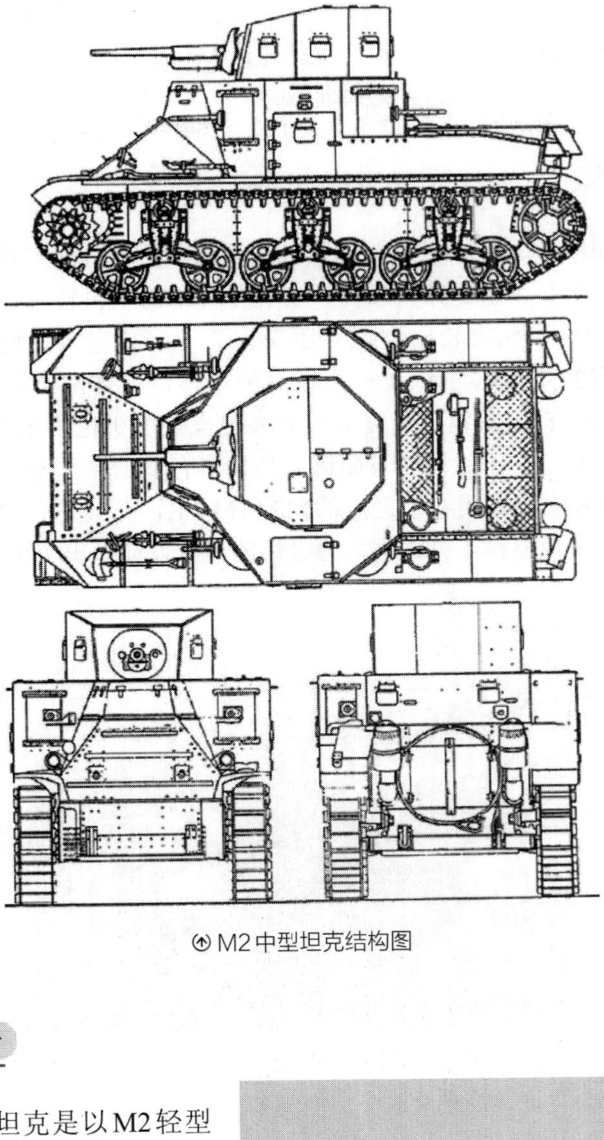

M2中型坦克结构图

## 研制背景

M2中型坦克是以M2轻型坦克为基础研制的一种中型坦克，最初被命名为T5，但在重新设计安装了一台350匹R-975径向发动机后，于1939年6月重命名为M2中型坦克。

一辆在阿伯丁试验场展示的M2中型坦克

克莱斯勒集团曾特地建立阿森纳底特律坦克厂来生产M2中型坦克。1940年8月，美国政府订购了1000辆M2中型坦克，但是欧洲战场表明M2中型坦克已经过时，所以在M2中型坦克生产之前，美国政府又取消了订单并转而选择生产M3战车，而已经生产的M2中型坦克则全部用于美国本土的坦克兵训练。

## 作战性能

M2中型坦克与M2轻型坦克十分相似，可以说是M2轻型坦克的加大型，它们拥有相同的垂直螺旋弹簧悬挂、安装在外部的双轮转向架，以及橡胶套管和橡胶履带。另外，M2中型坦克还安装了一门37毫米主炮，炮盾厚度为51毫米，拥有32毫米装甲以及一个很高的车体，车体两侧各一个安装机枪的筒，还有两挺安装在装甲缓坡上由驾驶员操控的机枪。虽然M2中型坦克的配置不错，但是从作战性能方面讲，却显得有些糟糕。不过，这款坦克的一些经验教训和成果被用在了之后的M3和M4上，尤其是它的倾斜装甲对于1939年的设计来说显得十分先进，为之后的坦克设计做出了贡献。

⊕ M2中型坦克的原型M2轻型坦克

## 实战表现

在M2中型坦克投入服役之前，它就已经过时了，比起同期的欧洲坦克，M2中型坦克显得略为逊色，它仅仅是在1942～1943年之间量产的战车入役前的一种权宜之计。1942年1月，军械局决定把M2中型坦克作为训练用坦克，因此，M2中型坦克从来没有上过战场。美军把M2中型坦克分配给了第67步兵团和第1装甲师、第69装甲团用于开展训练，在1942～1944年美军装甲部队急速扩张时，这些被训练好的第69装甲团的坦克乘员被分到了几个新建的装甲师和装备M4重型坦克的独立坦克营中并成为了骨干。

# M3“格兰特/李”中型坦克

| | | | |
|---|---|---|---|
| 长度 | 5.64米 | 重量 | 27吨 |
| 宽度 | 2.72米 | 最大速度 | 42千米/小时 |
| 高度 | 3.12米 | 最大行程 | 193千米 |

M3“格兰特/李”(General Grant/Lee)中型坦克是M4“谢尔曼”中型坦克的前身，或者说是过渡型。

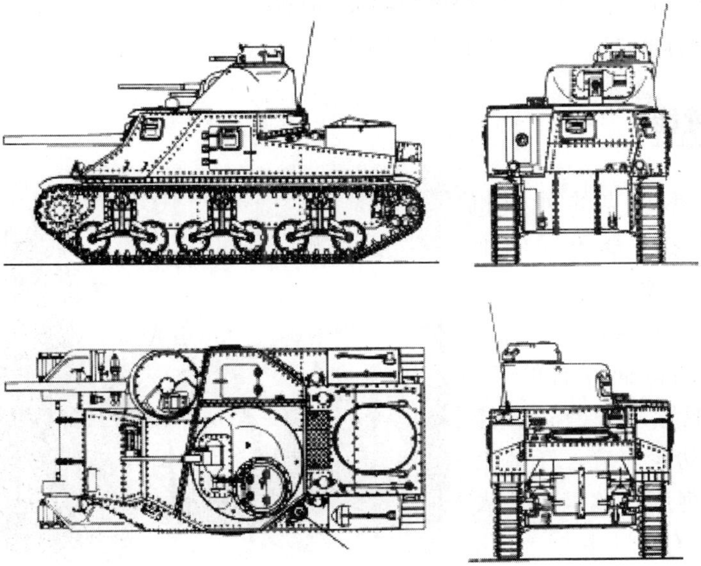

⊕M3“格兰特/李”中型坦克结构图

## 研制背景

M3“格兰特/李”中型坦克

1939年，欧洲战争经验已经使得美国军方发现，自己当时装备的M2中型坦克37毫米主炮已威力不足了。于是从1940年开始对M2型中型坦克进行改进，加厚装甲防护，同时还将1门M1987式75毫米炮安装在车体一侧的突出炮座内。1940年7月11日军械委员会将这种坦克定名为M3中型坦克。M3中型坦克在英国使用时，被称作“格兰特将军”式（简称“格兰特”式），源自美国内战时北军中的著名将领——尤利塞斯·S·格兰特。在M3坦克经过稍微改良，采用新式炮塔后，改称作“李将军”式（简称“李”式），源自美国内战时南军将军——罗伯特·李。

装配车间中的M3“格兰特/李”中型坦克

## 作战性能

基地中的M3“格兰特/李”中型坦克

M3中型坦克的外形和结构有很多与众不同的地方，它的车体比较高，炮塔呈不对称布置，有2门主炮，车体的侧面开有舱门，3层武器配置，平衡式悬挂装置，主动轮前置，车体上有突出的炮座。该坦克最大的特点是有2门主炮，1门是75毫米榴弹炮，装在车体右侧的突出炮座内，另1门是37毫米加农炮，装在炮塔上。另外，它的推进系统也很有特色，最突出的是它的各种改进型车和发动机型号各不相同，这也反映了战时的特点。它的行动部分采用平衡式悬挂装置，每侧6个负重轮，分为3组，主动轮在前，诱导轮在后。

⊕ 美军士兵与M3“格兰特/李”中型坦克

## 实战表现

⊕ 城镇中的M3“格兰特/李”中型坦克

M3中型坦克从1941年8月开始投产，一直持续到1942年12月结束。美国一共生产了M3中型坦克及其改进型号6258辆。其中M3A1中型坦克采用了美国机车车辆公司制造的铸造车体，鉴于强度要求，车体侧面没有开舱门。而M3A2型坦克采用了比铆接车体强度更高的

⊕ M3“格兰特/李”中型坦克近景前视图

焊接车体，还减轻了车重。M3中型坦克的变型车较多，如T1扫雷车、T2坦克抢救牵引车、T6火炮运载车和T16重型牵引车等。

## T14突击坦克

| 长度 | 6.19米 | 重量 | 41吨 |
| --- | --- | --- | --- |
| 宽度 | 3.17米 | 最大速度 | 28千米/小时 |
| 高度 | 2.99米 | 最大行程 | 161千米 |

T14突击坦克（Assault Tank T14）是美国和英国联合研发的一款装甲武器，由于在二战末期才设计完成，所以并没有参与实战，只制造了2辆（1辆在美国，1辆在英国）。

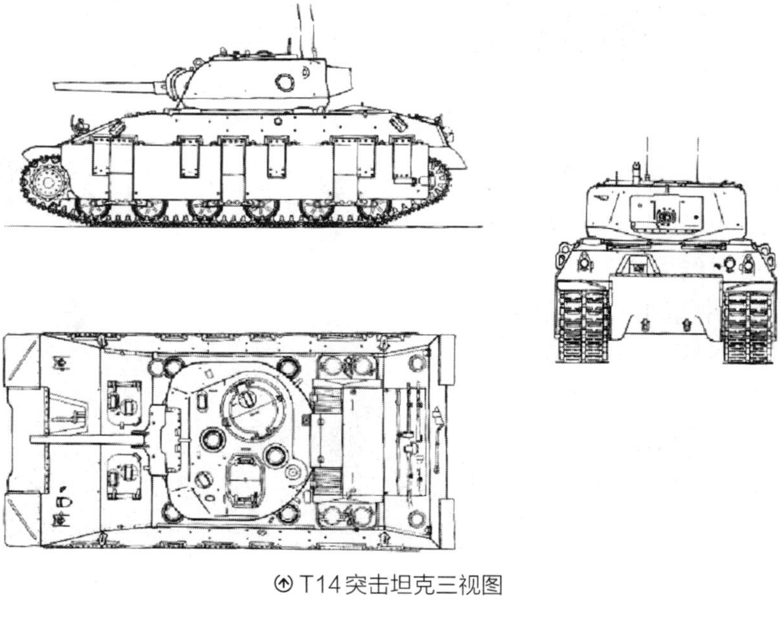

Ⓣ T14突击坦克三视图

## 研制背景

1941年初，美军开始计划着研发一款性能超越当时所有装甲武器的坦克，但这个计划仅凭美军一己之力，很难在短时间内完成，所以美军立马拉拢英军，想与之共同打造其心中的“完美”坦克。于是，T14突击坦克这一计划便悄然而生。

## 作战性能

T14突击坦克正面装甲102毫米、60度倾斜装甲，侧面装甲51毫米、30度倾斜装甲，行走装置外侧有13毫米的侧裙护板。主武器方面，它的前期型号采用M3式75毫米火炮和M34A1炮座，后期甚至计划安装105毫米榴弹炮；辅助武器方面，该坦克主要装备M2重机枪（12.7毫米口径），有单装和双联装可供选择。

T14突击坦克

## 实战表现

1942年，英国最初预订了8500辆T14突击坦克，但直至1944年，这种坦克仍未完善，而且样车在测验中指出其在实际使用时重量显得过于庞大。另外早在1941年6月，英军已大量装备“丘吉尔”步兵坦克及其他坦克，所以英军对于美军提出的T14突击坦克并不感兴趣。之后，随着二战的结束，T14的开发项目也随之被终止。

T14突击坦克俯视图

# 2.2 轮式/履带式装甲车

## M8轻型装甲车

| 长度 | 5米 | 重量 | 7.8吨 |
|---|---|---|---|
| 宽度 | 2.53米 | 最大速度 | 89千米/小时 |
| 高度 | 2.26米 | 最大行程 | 560千米 |

M8是美国福特汽车公司在二战时期生产的一款轻型装甲车，主要装备欧洲和远东地区美军及英军，后者把M8取名为“灰狗”（Greyhound）。

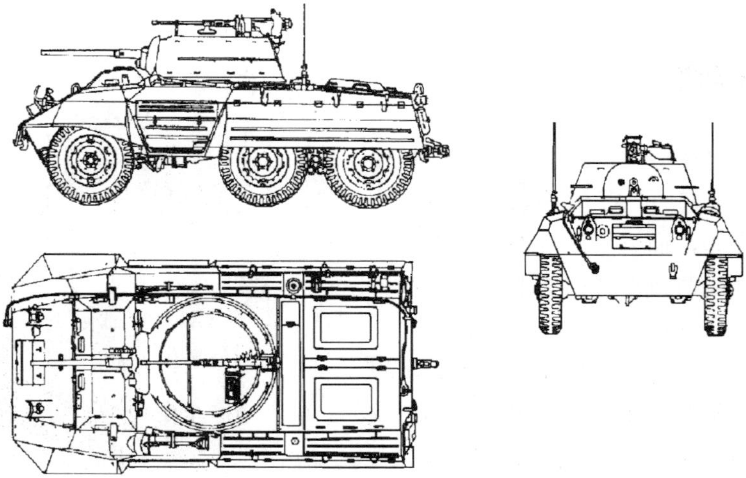

↑ M8轻型装甲车三视图

## 研制背景

二战之前，美国军队装备有M6装甲车，其有着较高的机动性和火力。但进入二战后，它在面对更大火力的战场时，明显无法适应。基于此，1941年，美军有意研发新型装甲车将M6取而代之。其后，有3家公司提交了样车，包括斯图贝克的T21、福特汽车的T22和克莱斯勒汽车公司的T23，3种样车没有太大分别。经过测试后，1942年4月，美国军方决定采用T22E2（T22改良型）作新型装甲车，并命名为M8轻型装甲车。

战地中的M8轻型装甲车

M8轻型装甲车编队

## 作战性能

M8的武器为M6 37毫米炮（配M70D望远式瞄准镜）、1门.30口径勃朗宁M1919同轴机枪和1门安装在开放式炮塔上的勃朗宁M2防空机枪。M8可装载4名车组乘员，包括车长、炮手兼装填手、无线电通信员（有时兼作驾驶员）及驾驶员，驾驶员和无线电通信员的座位位于车体前端，可打开装甲板直接观察路面环境，车长位于炮塔右方，炮手则位于炮塔正中间。

美军士兵与M8轻型装甲车

## 实战表现

战斗中的M8轻型装甲车

1943年，M8在意大利战场首次出战。之后，随着美国陆军征战欧洲和远东地区，主要用作侦察、反步兵用途。M8的越野性能不佳，应付地雷、泥浆、雪地和深坑的能力不足，英军认为它更适合平地作战。美国陆军在M8服役后不久就要求装备一款新型的车辆，随后，一些更优秀的轻型装甲车开始取代M8。二战后，美国陆军的M8主要用作占领区的巡逻和维持治安用途。

法国凯旋门前的M8轻型装甲车

## M3装甲侦察车

| 长度 | 5.63米 | 重量 | 5.67吨 |
| --- | --- | --- | --- |
| 宽度 | 2.1米 | 最大速度 | 81千米/小时 |
| 高度 | 2米 | 最大行程 | 403千米 |

M3是由怀特汽车公司设计的一款装甲侦察车，是美国在二战时期主要装甲车之一，主要用于巡逻、侦察、指挥、救护和火炮牵引等用途。

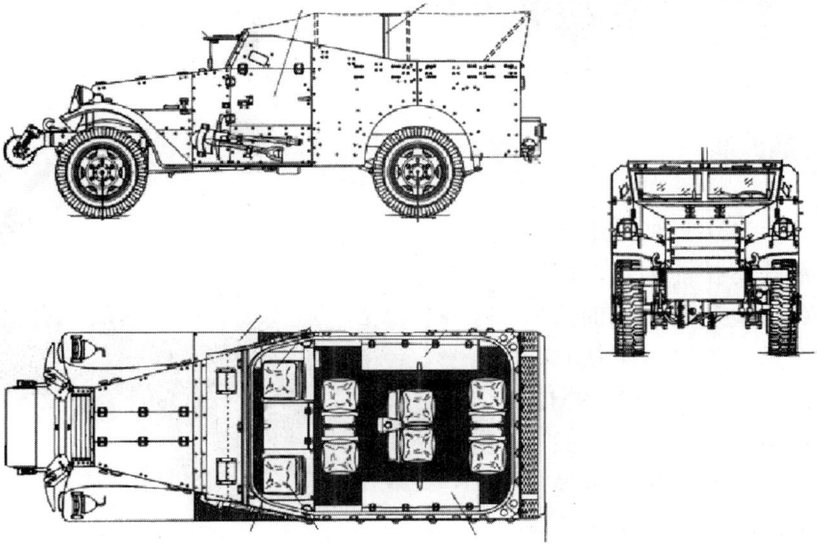

⊕ M3装甲侦察车三视图

## 研制背景

在马路上行进的M3装甲侦察车

一战时期，诸如马克沁机枪之类的超级重火力武器的运用，堑壕战（一种利用低于地面，并能够保护士兵的战壕进行作战的战争形式）的产生，以及火炮的强大摧毁力，使得士兵步履维艰、寸步难行，更别说是完成巡逻、侦察等任务了。鉴于此，1938年，美国怀特汽车公司设计出了一种掩护步兵的战车——M3侦察车。之后，怀特汽车公司又对M3加以改进，推出了M3A1，并于1941年开始生产，至1944年终止，共制造了20918辆。

M3装甲侦察车近景

## 作战性能

由于M3A1采用开放式车壳令其防护能力低，四轮设计对山地及非平地的适应能力不足，美国陆军从1943年开始，以M8装甲车和M20通用装甲车将之取代，只有少量的M3A1服役于诺曼底及太平洋战场的美国海军陆战队二线部队。

从战地凯旋的M3装甲侦察车

M3装甲侦察车（左为改装版）与坦克

## 实战表现

M3A1首次亮相是在菲律宾战场（1941～1942年），它也装备了位于北非战场及西西里岛的美国陆军骑兵部队，主要用作侦察、指挥和火力支援用途。除了美国外，二战时的M3A1又通过《租借法案》交给同盟国部队，苏军接收了3034架，主要作侦察用途和作为ZIS-3 76毫米炮的火炮牵引车（一直服役至1947年）。二战后，大部分M3A1被卖至亚洲和拉丁美洲国家，其中以色列在独立战争中也有采用。

M3装甲侦察车与其他载具

战斗演习中的M3装甲侦察车

# M20通用装甲车

| 长度 | 6米 | 重量 | 4.8吨 |
|---|---|---|---|
| 宽度 | 2.54米 | 最大速度 | 110千米/小时 |
| 高度 | 1.87米 | 最大行程 | 420千米 |

M20是美国福特汽车公司设计生产的一款通用装甲车，又名M20装甲侦察车，是美军1943～1944年战场上的主要战车之一。

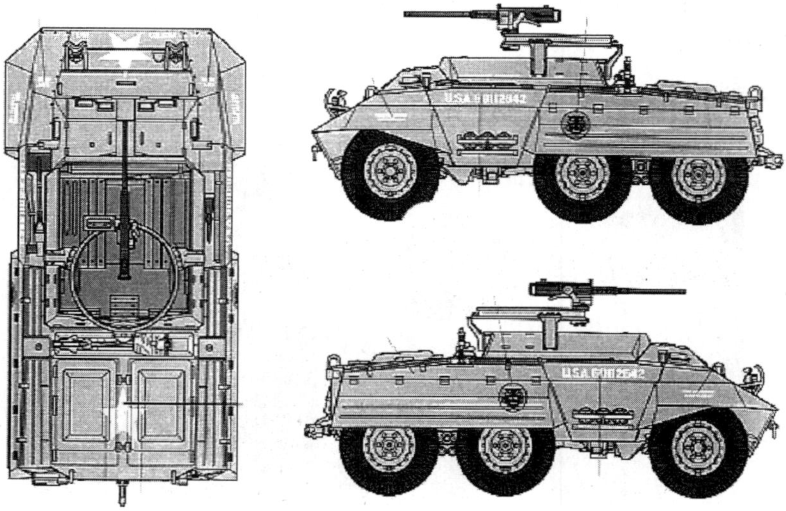

Ⓜ M20通用装甲车三视图

## 研制背景

对于美军来说，M3装甲侦察车是其在战场上赖以生存的装备之一，但二战爆发后，轴心国的武器装备相比美军而言，有过之而无不及。鉴于此，福特汽车公司以M3为基础，推出了M20通用装甲车（M20原本名为M10，但因与M10“狼獾”驱逐战车同名而被更改），在1943～1944年间，福特汽车公司共生产了3680辆M20。

⊕ 小镇道路上的M20通用装甲车

⊕ 随步兵行进的M20通用装甲车

## 作战性能

M20通用装甲车是以M8为基础改进而来的，拆除后者的炮塔，改用开放式.50口径勃朗宁M2防空机枪塔，车体高度大幅降低，机动性和速度更高，能有效对抗小口径武器及炮弹碎片，车内备有“巴祖卡”火箭筒以提高车组成员的反装甲能力。

⊕ 拆装后的M20通用装甲车

# T17装甲车

| 长度 | 5.49米 | 重量 | 14吨 |
|---|---|---|---|
| 宽度 | 2.69米 | 最大速度 | 89千米/小时 |
| 高度 | 2.36米 | 最大行程 | 724千米 |

T17是美国福特汽车公司设计生产的一款装甲车，但美军并没有将其带入前线战场，它在英军中被称为“猎鹿犬”（Deerhound）。该车有4轮和6轮两个版本。

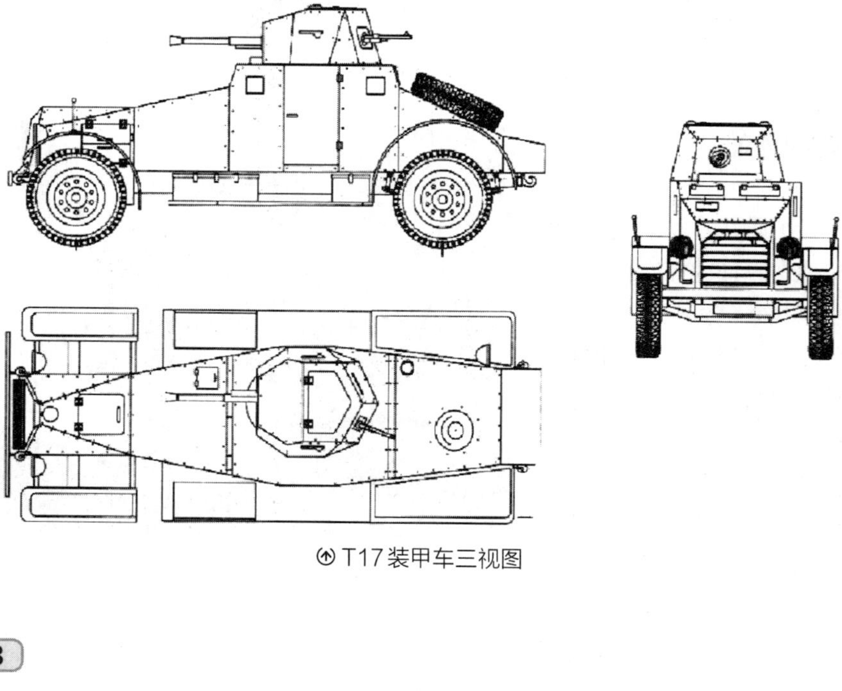

⊙ T17装甲车三视图

## 研制背景

1941年，美军取代M6装甲车的计划中，福特汽车公司除了T22（即M8轻型装甲车）样车之外，还有一款T17样车。在将T22和T17做了对比试验之后，美军选择了性能更优越的T22。但T17并不是无用武之地，而是转手到英军手中，由英军生产的T17被命名为“猎鹿犬”。

六轮装T17装甲车

## 作战性能

英军士兵与T17装甲车

T17装甲车在转动炮塔上装有37毫米主炮、同轴机枪及车头的机枪，部分T17加装防空机枪。该车在1942年10月开始生产，在美军选择了T22后，它停止生产，至此，只制造了250架，并全数解除武装交给宪兵使用。T17装甲车装有2个6汽缸引擎，可协调2个驱动轴的自动变速器，2个引擎可独立关闭，电动炮塔转向系统使37毫米主炮更稳定。

T17装甲车前侧方特写

## 实战表现

虽然T17装甲车是美国设计的，但将其带入战场的却是另有其人。1943年，T17装甲车装备了在意大利作战的英国陆军，此外，澳大利亚、加拿大等国军队也有少量装备。二战结束后，拥有T17装甲车的国家对它进行了改进，有的装载了大口径火炮或者机枪，有的加厚了装甲。这些改进型在一些小型军事冲突上还是起到了一定的作用。

## M2半履带装甲车

| | | | |
|---|---|---|---|
| 长度 | 5.96米 | 重量 | 9吨 |
| 宽度 | 2.2米 | 最大速度 | 64.37千米/小时 |
| 高度 | 2.26米 | 最大行程 | 321.86千米 |

M2是美军于二战时期研发的一款半履带装甲车，由美国怀特汽车公司设计生产，有多种不同用途的型号，其中包括侦察型、自行火炮型和防空型等。

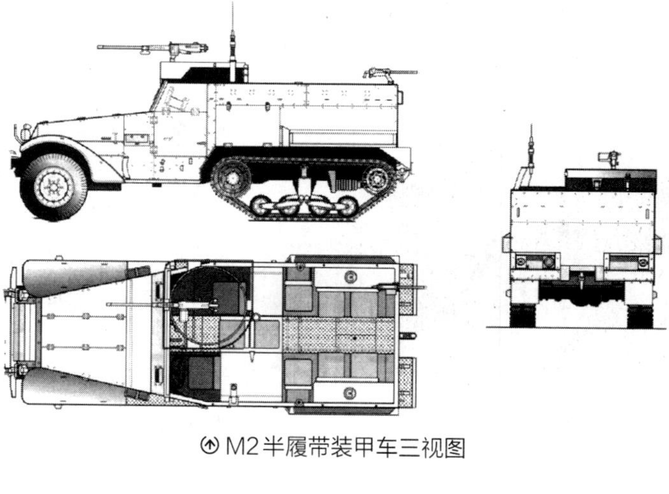

↑ M2半履带装甲车三视图

## 研制背景

二战期间，履带装甲车（例如坦克、自行火炮等）表现出极好的越野性能，尤其是在恶劣的环境下。但履带的使用寿命较短，而且生产成本较高，于是，各国开始发展半履带装甲车。在这一背景下，美军的M2半履带装甲车（M2 Half Track）于1940年诞生。之后，由于战场需要，美军又对M2进行了升级，推出了M9。

生产车间中的M2半履带装甲车

M2半履带装甲车侧面

## 作战性能

原版M2半履带装甲车安装有怀特160AX引擎，装载有M2重机枪。美国陆军机械化部队的版本，装有37毫米M6反坦克炮，部分型号改用37毫米M3反坦克炮。这批使用37毫米反坦克炮的M2为美军第一代驱逐战车，即反坦克车辆。

雪地中的M2半履带装甲车

M2半履带装甲车背部

## 实战表现

第一辆正式版本的M2半履带装甲车在1941年投入战场，主要装备包括菲律宾、北非和欧洲的美国陆军及太平洋沿岸战场的美国海军陆战队。M2因为通用性高，在二战及战后被不断升级和改良以延长服役寿命。阿根廷陆军一直沿用升级版的M9半履带车至2006年，并把这批M9捐赠给玻利维亚。

行进中的M2半履带装甲车编队

训练基地中的M2半履带装甲车

# M3半履带装甲车

| 长度 | 6.17米 | 重量 | 9.1吨 |
| --- | --- | --- | --- |
| 宽度 | 2.22米 | 最大速度 | 72千米/小时 |
| 高度 | 2.26米 | 最大行程 | 320二米 |

M3是美国于二战及冷战时所用的半履带装甲车辆，有着极高的机动性、载重量和防护装甲。

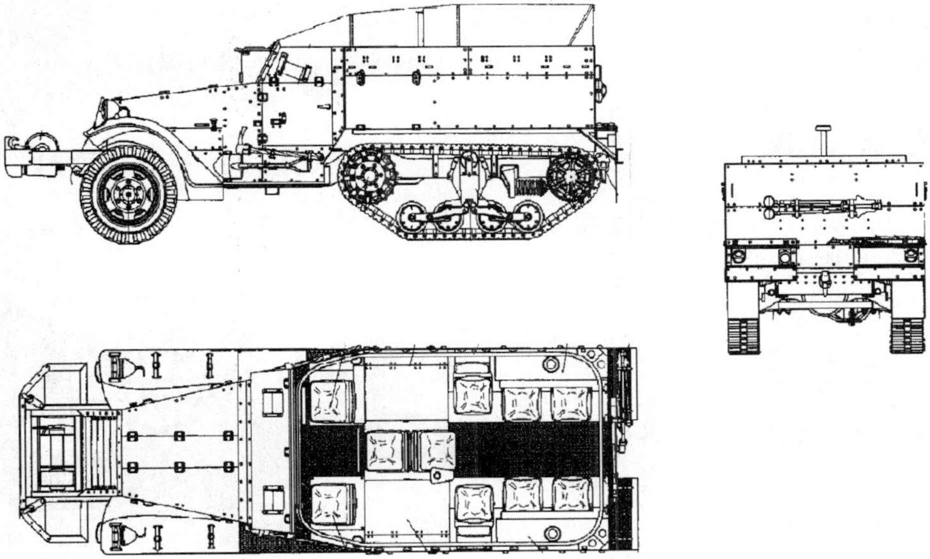

↑ M3半履带装甲车三视图

## 研制背景

二战中，美国一直在努力为其军队装备机动性高、作战用途广泛的战车，另一方面，M3、M8等装甲车的成功，使得美军更加确认装备优良的装甲车是“纵横”战场的必备因素。为此，二战中，美军进一步发展改进装甲车，与之前不同的是，此次发展的是半履带装甲车。之后，二战初期，美军以M3装甲侦察车、M2半履带装甲车为基础，打造出了M3半履带装甲车。

待检测的M3半履带装甲车

开在街道上的M3半履带装甲车

## 作战性能

M3的车体比M2更长，在车尾有1个进出口，并设有可承载13人步枪班的座位。在车的两边设有10个座位，3个在驾驶室。在座位底下装有架子，用来放弹药及配给；在座位后方额外的架子用来放步枪以及其他物品。在车壳外，履带上方，设有小架子用来放地雷。

隐藏在树林后的M3半履带装甲车

## 实战表现

在实战中，M3刚开始极不受欢迎，并被美军戏称为“紫心箱子”。将领们的抱怨主要集中在M3完全没有对上方的防护，以及它的装甲并不足以防护机枪火力。之后，M3进一步升级为M3A1，车体各处都有保护，如在引擎散热处有可调整的装甲护窗，以及防弹的挡风玻璃。

战地中的M3半履带装甲车

⊙ M3半履带装甲车运输士兵

## M38“猎狼犬”轻型装甲车

| | | | |
|---|---|---|---|
| 长度 | 5.11米 | 重量 | 6.9吨 |
| 宽度 | 2.44米 | 最大速度 | 97千米/小时 |
| 高度 | 1.98米 | 最大行程 | 483千米 |

M38“猎狼犬”（M38 Wolfhound）是由美国雪佛兰汽车公司生产的一款轻型装甲车，目的是为了取代M8轻型装甲车。由于生产时处二战末期，所以它只生产了少量试验型。

M38“猎狼犬”轻型装甲车侧视图

## 研制背景

M38“猎狼犬”轻型装甲车正面

二战末期，美军的M8轻型装甲车历经了数年炮火连天的战斗，其作战性能得到肯定。但在其他国家，同类武器的研制并没有裹足不前，反而是越来越先进，致使M8开始无法与这些同类武器相提并论。为了能赶上当时武器先进的脚步，美军开始寻求新型战车，以取代M8。1944年，雪佛兰汽车公司根据美军要求，推出了M38“猎狼犬”轻型装甲车。1945年二战结束时，它只生产了少量试验型。

M38“猎狼犬”轻型装甲车近景

## 作战性能

M38“猎狼犬”轻型装甲车装有卡迪拉克汽车公司生产的8缸水冷引擎，车辆底盘及地台较低，车型优美，每边有3个对称车轮及特制弧形挡泥板。车头前面装有提高防护能力的倾斜装甲板，无线电通信器发射针装于车头倾斜装甲板的右边。它可载4人，开顶式炮塔装有37毫米M6主炮，备弹93发，副武器为2把机枪，1把为同轴机枪，1把为防空机枪。

M38“猎狼犬”轻型装甲车侧面

## 威利吉普车

| | | | |
|---|---|---|---|
| 长度 | 3.36米 | 重量 | 0.896吨 |
| 宽度 | 1.57米 | 最大速度 | 105千米/小时 |
| 高度 | 1.77米 | 最大行程 | 482.8千米 |

威利吉普车是指在二战时的威利MB吉普车，分别由威利汽车厂和福特汽车厂生产。

### 研制背景

1939年，美国军方开始发展自己的军用车辆。1940年美国军方希望能发展出一种多用途的军用车辆而向全美135家汽车厂招标，班塔汽车厂首先交出其BRC-40吉普车，但班塔却无大量生产的能力，于是其设计被分别交给威利和福特，威利所生产的被称为威利MA，而福特生产的叫福特GP，威利随后又对MA做出改良而成为最终的设计，即威利MB吉普车。

近处的威利吉普车

## 作战性能

威利MB吉普车设计为一种简单的开篷车，其车顶是帆布的而且无车门，它的发动机会通过前后的传动轴分别把动力传给前后轮，因此它是一种有着良好越野机动性的四轮驱动车辆，福特汽车厂也用其发展成为福特GPA两栖吉普车。

对威利吉普车性能进行检验

## 实战表现

当珍珠港事变令美国参战后，大批吉普车随着美军参战并发挥其多用途功能。吉普车除了能拉动火炮之外，还能作为侦察、传令、参谋联络用车甚至救护车等，也能加上机枪和无坐力炮而成为流动火力平台，二战时还有指挥官用其平整的车头盖作为桌子把地图等放在上面。吉普车除了美军自用外还军援英军、法军、苏军等多个国家军队，不论在欧洲城市、北非沙漠还是太平洋小岛都可以见到吉普车的身影。

架上大炮的威利吉普车

# 第3章

# 烈焰咆哮

## ——火炮

二战期间，美国军队崇尚火力至上，一切手段都是为了更好地输出火力，这也是“怕死”的美军士兵能够战胜“不怕死”的日军士兵的原因之一。火炮是战场上不可或缺的大面积杀伤性武器，同时也是坦克等装甲武器的克星。二战中，美国研制的火炮种类不算多，但数量大，在战争中发挥了重要的作用，为己方士兵提供了强有力的火力。下面我们将带您走近美军，体验炮火震天的二战阵地。

# M59“长脚汤姆”加农炮

| | | | |
|---|---|---|---|
| 全长 | 11.02米 | 口径 | 155毫米 |
| 炮管长 | 7.03米 | 重量 | 13.88吨 |
| 宽度 | 2.5米 | 有效射程 | 17000米 |

M59是美国在二战期间制造的加农炮，旧名（M1/M2/M2A2）155毫米野战炮，昵称为“长脚汤姆”。

⊙ M59“长脚汤姆”加农炮部分结构特写

## 研制背景

在测试基地中的M59“长脚汤姆”加农炮

1927年，美国开始为其陆军打造新型火炮，要求是该火炮有足够大的威力，并能以马匹、车辆等牵引。1929年，美国最终设计出了155毫米口径的火炮，不过在测试中出现了一些问题。随后，相关部门对这款新型火炮进行了改进，工作直到1938年才结束。改良后的155毫米火炮被定名为M1加农炮。二战结束后，美军在重新编号时，将M1加农炮纳入M59编号。

实战中的M59“长脚汤姆”加农炮

M59“长脚汤姆”加农炮炮弹

## 作战性能

根据战地情况，M59可选用多种不同的弹药，主要有以下几种。

| 炮弹种类 | 军用编号 | 炮弹重量 | 炸药种类 | 炮口初速 | 射程 |
|---|---|---|---|---|---|
| 破甲榴弹 | M112穿甲弹 | 45.36千克 | D型炸药 | 837米/秒 | 22014米 |
| 榴弹 | M101榴弹 | 42.96千克 | TNT炸药 | 853米/秒 | 23513米 |
| 烟雾弹 | M104烟雾弹 | 44.53千克 | 白磷 | 853米/秒 | 23720米 |
| 化学弹 | M104烟雾弹 | 5.3千克 | 芥子毒气 | 853米/秒 | 23720米 |

博物馆中展出的M59“长脚汤姆”加农炮

掩体后的M59“长脚汤姆”加农炮

## 实战表现

北非战场上，M59凭借其长射程以及精确的炮击精度获得美军的信赖，随后，其立即装备了49个野战炮营。服役初期，M59的拖曳是运用麦克货车所制造的6轮驱动型7.5吨载重车，后期使用履带驱动的M4高速牵引车进行拖曳。除了美军以外，英国和法国借由《租借法案》也获得了少量的M59（英国184门，法国25门）。二战后，除了美军重炮兵部队以外，美国海外盟邦也接收了部分M59，直到20世纪70年代才被M198榴弹炮以及FH-70榴弹炮所取代。

隐藏后的M59“长脚汤姆”加农炮

# M101榴弹炮

| 全长 | 5.94米 | 口径 | 105毫米 |
| --- | --- | --- | --- |
| 炮管长 | 2.31米 | 重量 | 2.26吨 |
| 宽度 | 2.21米 | 有效射程 | 11270米 |

M101榴弹炮是美国二战时期的制式火炮之一，于1941年开始量产，在各战场作为师级支援火力交付于盟军其他国使用。由于它的设计简单、造价便宜、性能稳定，获得了各国炮兵肯定，至今仍有不少国家在使用。

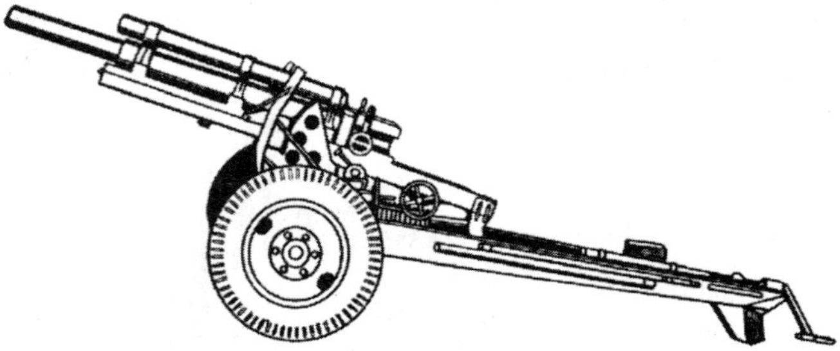

M101榴弹炮示意图

战地中的M101榴弹炮

## 研制背景

20世纪20年代，在美国为其陆军打造火炮时，除了上述M59“长脚汤姆”加农炮之外，还有一款榴弹炮，即M101。不过，由于当时处于经济大萧条时期，生产M101榴弹炮的计划被搁浅，直到1939年才重启。之后，M101榴弹炮于1941年起大规模量产，并支援盟邦作战，到1953年停产为止，共制造了10202门。

美军士兵与M101榴弹炮合影

在调整炮击角度的M101榴弹炮

与同时期的同类武器相比，M101榴弹炮没有什么特别突出的地方，但是伴随美国强大的工业实力，它的特点即结构简单以及零附件容易取得，便突显出来。而且，该炮与美国援助的运输卡车配套，让同盟国享受到机械化炮兵的机动优势。因此，战后M101榴弹炮与105毫米炮弹成为许多国家炮兵的标准装备。

开炮中的M101榴弹炮

## 实战表现

M101榴弹炮在进行远程火力支援

由于M101榴弹炮在二战时大量生产并支援盟国作战，因此，战后成为许多国家的标准装备。战后美军对M101榴弹炮进行了升级，主要修改了部分炮架与炮盾的设计，形成了M101A1。升级后的M101榴弹炮经历了数次局部战争。另外，美国空降部队与海军陆战队在1964年换装同口径轻量化炮架的M102榴弹炮，但因为价格因素最后没有办法完全取代M101A1榴弹炮，直到美军从英国引进M119榴弹炮后，才将M101A1自陆军除役。

士兵正在为M101榴弹炮填装炮弹

# M1式240毫米榴弹炮

| 炮管长 | 8.38米 | 口径 | 240毫米 |
|---|---|---|---|
| 炮口初速 | 701米/秒 | 重量 | 29300千克 |
| 方向射界 | 22.5度 | 最大射速 | 30发/小时 |
| 高低射界 | 15度~65度 | 最大射程 | 23.1千米 |

M1式240毫米榴弹炮，又称“黑龙”（Black Dragon），是一种曾在美国陆军服役的榴弹炮。

## 研制背景

一战期间，美国军队还在使用M1918式240毫米榴弹炮，但此种榴弹炮已经过时，作战中有缺陷，于是美军设计M1式240毫米榴弹炮用以取代它。1934年美军开始开发新型240毫米榴弹炮，原计划于1941年起淘汰M1918，但实际上火炮制式化量产直到1943年5月才颁布。

在阵地就位的M1式240毫米榴弹炮

## 作战性能

M1式240毫米榴弹炮可将160千克的高爆弹发射至23千米之外，是美国于二战期间所使用过的最具威力的火炮，除了由战舰舰炮改装成的列车炮与岸防炮外，堪称是美国陆军在二战期间所拥有的射程最远的火炮。

博物馆存放的M1式240毫米榴弹炮侧视图

博物馆存放的M1式240毫米榴弹炮后视图

## 实战表现

1944年1月美国第5军团登陆意大利安济奥滩头后首度在二战欧洲战场运用M1式240毫米榴弹炮。此榴弹炮拥有相当高的价值，因为它可以用来在长距离外摧毁重要的桥梁，陆军军械军官记载240毫米榴弹炮有着“破坏性的威力以及难以置信的精确度”。尽管最初由于它笨重而庞大的身躯使其移动能力受到质疑，但由于其优异的火力支援能力，1944年时第五军团指挥官还称赞它为“最令人满意的武器”。

M1式240毫米榴弹炮在二战后一直服役于美军，直到1950年库存弹药耗尽才结束服役。

士兵正在清理M1式240毫米榴弹炮

## M7自行火炮

| 长度 | 6.02米 | 重量 | 22.97吨 |
|---|---|---|---|
| 宽度 | 2.87米 | 最大速度 | 39千米/小时 |
| 高度 | 2.54米 | 最大行程 | 193千米 |

M7是美国二战时期研发的一款自行火炮。当它进入英军服务时，英国人便给它起了“牧师”的称号，这是因为它拥有一个像讲道坛般的机枪手位置。

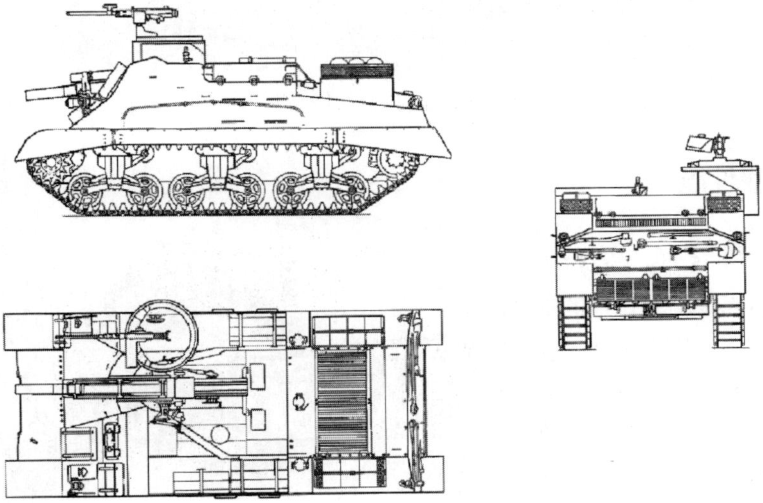

⇧ M7自行火炮三视图

## 研制背景

尘土四溅的二战战场上，坦克随处可见。在这样一个“钢铁”世界中，美军意识到，发展一种用于掩护步兵作战的自行火炮是此时的“非常任务”。虽然当时美军已经拥有M18自行火炮，但其装甲过于薄弱，面对大威力炮弹时，实属“炮灰”。于是，美军希望把M18装甲加厚，并拥有良好的越野能力和行驶速度。随后，1942年2月，美军以M3中型坦克的底盘作为新型自行火炮的基础，打造了M7自行火炮。

城镇中的M7自行火炮

抛锚的M7自行火炮

## 作战性能

1942年5月，在M7自行火炮生产不足1个月的时间内，它又再次被改造，把炮弹的上限由24发提升至69发，其中7发炮弹安置在车身左侧，5发在右侧，剩余的安放在装甲板下面。此外，

基地中的M7自行火炮

M7自行火炮在M3中型坦克的基础下进行了多方位的修改，大致和美军主力坦克M4“谢尔曼”有着更多的共同性，例如行驶速度、防护装甲等。

⬆行驶中的M7自行火炮

## 实战表现

M7自行火炮问世后，英军曾在北非战场、意大利战场等地作战时使用过，直到英国本土的自行火炮“司事”式服役后，才将其改装成装甲运兵车。而在美军部队中，M7自行火炮在作战中取得很大成功。美军每个装甲师也配备了3辆M7自行火炮，为他们提供有效的火力支援。

⬆美军士兵与M7自行火炮

⊕美军士兵乘坐M7自行火炮

## M10自行火炮

| 长度 | 6.83米 | 重量 | 29.6吨 |
| --- | --- | --- | --- |
| 宽度 | 3.05米 | 最大速度 | 51千米/小时 |
| 高度 | 2.57米 | 最大行程 | 300千米 |

M10是美军在二战中最著名的自行火炮，其官方名称为3in GMC M10s。英国在《租借法案》下也装备了大量的M10，被称为“狼獾”（Wolverine）。

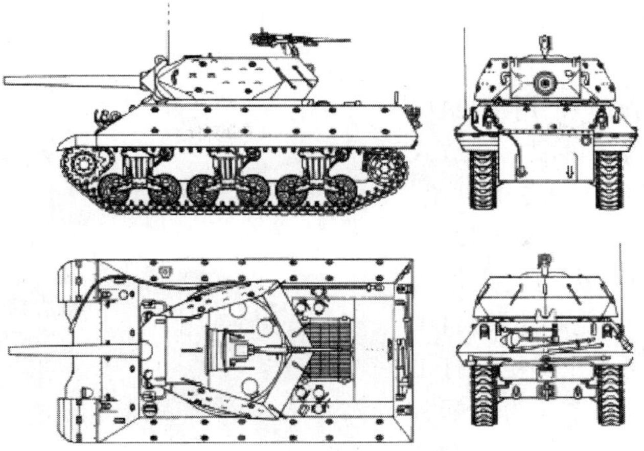

M10自行火炮结构图

## 研制背景

二战初期，美军为了打击敌军的坦克部队，专门组建了一支用于反坦克的军事单位，但他们所装备的武器仅仅是一些装配了37毫米反坦克炮的卡车，或是一些使用75毫米野战炮的M3半履带车。很明显，这些“衣着简陋”战车无法与敌军“身穿正装”的坦克相抗衡，为此，美军特意为这支军事单位打造了M10自行火炮。

废墟中的M10自行火炮

M10自行火炮炮筒特写

## 作战性能

M10自行火炮使用了M4中型坦克的底盘，再配上开放式炮塔及1支勃朗宁M2重机枪，以加强支援步兵攻击的效果。此外，M10自行火炮的主炮为M1918火炮，它比起同期M4中型坦克的75毫米主炮更具打击威力。之后，美军还为其配备了M93高初速穿甲弹，使M10自行火炮的威力更胜德国四号坦克。

↑ 翻越障碍的M10自行火炮

## 实战表现

↑ 美军第82空降师士兵乘坐M10自行火炮

在北非战场上，M10自行火炮战绩赫赫，其主炮能够在远距离中贯穿德国坦克的装甲。但是，它沉重的底盘无法为它带来高速的行动。因此，在1944年年初，美国研发了其他自行火炮，以弥补M10的不足。在战争后期的诺曼底战役中，由于M10自行火炮的主炮无法打穿德国“豹”式坦克的前甲，所以其位置逐渐由其他自行火炮所取代。虽然如此，它仍然有一定的重要性，因此仍然在部队中服役，直至战争结束。

战斗中的M10自行火炮

## M18自行火炮

| 长度 | 6.66米 | 重量 | 18吨 |
| --- | --- | --- | --- |
| 宽度 | 2.87米 | 最大速度 | 88千米/小时 |
| 高度 | 2.58米 | 最大行程 | 169千米 |

M18是美国陆军在二战期间开发的一款反坦克武器，是美军在二战时所有履带装甲战斗车辆中行走速度最快的一款，故有“地狱猫”（Hellcat）的称号。

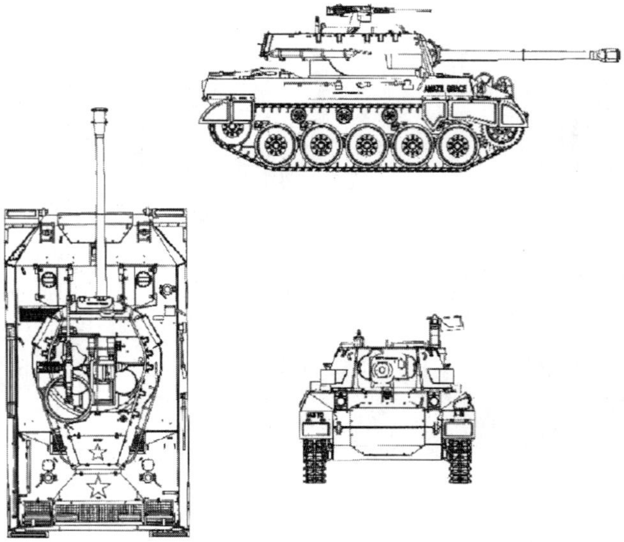

M18自行火炮三视图

## 研制背景

二战中，头号杀手非坦克莫属，因此各参战国开始研发反坦克武器。在反坦克火箭或反坦克导弹尚未开发的时候，面对重装甲的坦克仅能依靠大口径反坦克炮进行摧毁，但是拖曳式反坦克炮的机动性太差，因此武器工程师设法将大口径反坦克炮搬上装甲车辆，使得反坦克炮也可以跟随机械化部队执行机动作战。这种武器美军有许多型号，其中就包括上述的M10自行火炮，但它性能不算太好，因此，美军在M10的基础上设计出了M18。

拆掉炮塔的M18自行火炮

M18自行火炮翻越障碍

## 作战性能

装甲及火力上的失衡，就是M18追求高速的代价。M18只安装了一层薄弱的装甲，而主炮威力也稍嫌不足。薄弱的装甲使车身及乘员们很容易受到伤害，主炮在远距离无法打穿德国“虎”式及“豹”式坦克的装甲。后来，美军采用高速穿甲弹（HVAP），使M18的主炮得到更大的贯穿力，但是这种炮弹无法大量补给。

M18自行火炮疾速行驶

战斗中的M18自行火炮

## 实战表现

服役初期，M18自行火炮是作为一般装甲车使用的。但是，随着后来美军重型坦克的开发及生产，它开始作为步兵的火力支援。之后，由于战场需要，出现了一种M18的衍生型号——M39装甲多用途车辆。该车辆是由M18拆除炮塔而成，主要用作运

从运输舰上驶出的M18自行火炮

输兵员及辎重，是唯一一种正式投入生产的M18衍生型号。1944年10月M18停产，此时已经接近战争的尾声。而战后它被美国政府停止采用，一些多余的被售至其他国家，如南斯拉夫就一直使用这批战车，直至20世纪90年代。

## M36自行火炮

| | | | |
|---|---|---|---|
| 长度 | 7.46米 | 重量 | 29吨 |
| 宽度 | 3.05米 | 最大速度 | 42千米/小时 |
| 高度 | 3.28米 | 最大行程 | 240千米 |

M36自行火炮是美军于二战期间使用的一款反坦克武器，它的另外一个名字是“杰克逊”（Jackson），这是为了纪念美国内战期间著名的南军将领托马斯·乔纳森·杰克逊（Thomas Jonathan Jackson）。

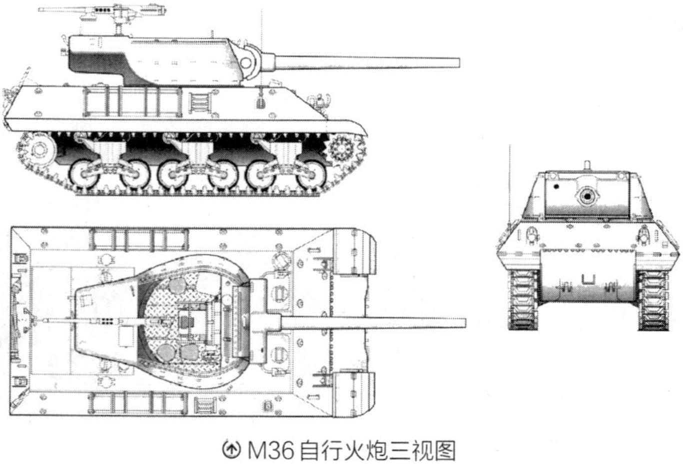

M36自行火炮三视图

## 研制背景

二战期间，虽然M10、M18等自行火炮的防御力和火力都比较不错，但在面对德军的“豹”式中型坦克时，还是不能给予致命的打击。因此，美军在M10、M18之后，又推出了M36自行火炮。

展出的M36自行火炮

一幅以M36自行火炮为主题的油画

## 作战性能

M36自行火炮的底盘大部分是以M4A3中型坦克为基础的，发动机位于车体后部，其动力通过一根很长的传动轴传至车体前部的变速箱，然后传至差速器和主动轮。和M10自行火炮不同的是，M36自行火炮的战斗室内有炮塔吊篮，且炮塔尾舱明显加大。

M36自行火炮正面

硝烟中的M36自行火炮

## 实战表现

由于研发、生产等各方面的原因，直到1944年11月，M36自行火炮才被投入欧洲战场。在战争期间，大约共生产了1400辆。因为前方需求量大，在1944年10月到12月，大布兰克·阿森纳公司使用了187辆M4A3的底盘生产了一批M36，这批M36被命名为M36B1以示区别。二战末期，M36发挥了重要作用。不过，它仍然有一些弱点，比如装甲薄弱、没有同轴机枪，敞口的炮塔常常导致乘员受到弹片的伤害等。

行驶中的M36自行火炮

美军士兵与M36自行火炮

# M12自行火炮

| | | | |
|---|---|---|---|
| 全长 | 6.73米 | 重量 | 26吨 |
| 宽度 | 2.67米 | 最大速度 | 38千米/小时 |
| 全高 | 2.7米 | 最大行程 | 220千米 |

M12是美国在二战期间开发的自行火炮，它是以M3坦克的底盘为基础，加装155毫米M1917榴弹炮而来。M12有一个装甲驾驶室，但炮手在一个开放的区域，位于车身后部。该火炮只生产了100辆，60辆于1942年完成生产，另有40辆在1943年完成生产。

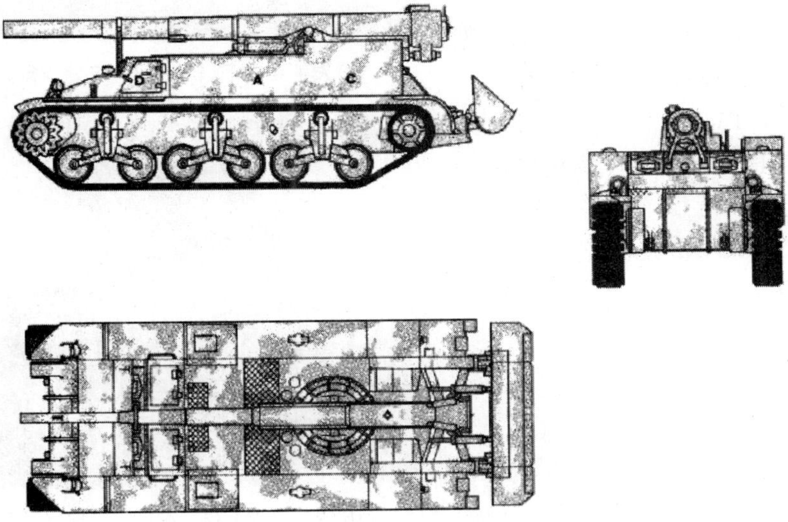


⊕ M12自行火炮三视图

战斗准备中的M12自行火炮

M12自行火炮（左）与其他战车

## T34“希神”多管火箭炮

T34“希神”多管火箭炮（Rocket Launcher T34 Calliope）是二战时期美军装在M4“谢尔曼”坦克上的火炮。美军从1943年开始装备。1944年8月，法国战场上的美军第2装甲师也曾装备。

发射中的T34“希神”多管火箭炮

T34的火箭口径为153毫米，有36～60支炮管，主要有3种型号。

（1）T34“希神”

153毫米火箭，36管在炮架顶部，12管在炮架底部。

（2）T34E1“希神”

与T34相同，但炮架底部由12管改为14管。

（3）T34E2“希神”

1944～1945年出现，改为240毫米火箭，增至60管。

伪装过的T34“希神”多管火箭炮

# 第4章

# 海上巨兽

## ——战舰

从某种角度上来说，二战期间，除了坦克、火炮之外，美军数量最多、型号最多的武器就是战舰。这主要是因为美国在太平洋上直接面临着日本的攻击，而战舰可以给美军提供强有力的远洋战斗力、防御力和信息情报等。下面我们将带您走近二战美军海上战舰，体验真正的海洋争霸赛。

# 4.1 水面舰艇

## "科罗拉多"级战列舰

| 船身长 | 190.3米 | 标准排水量 | 32500吨 |
|---|---|---|---|
| 舷宽 | 29.7米 | 最高航速 | 21节 |
| 吃水深度 | 12米 | 续航距离 | 8000海里 |

"科罗拉多"级（Colorado Class）战列舰是美国于20世纪20年代研发的。珍珠港事件后，开始征战太平洋，在战争中有着突出表现，尤其是4号舰"西弗吉尼亚"号。

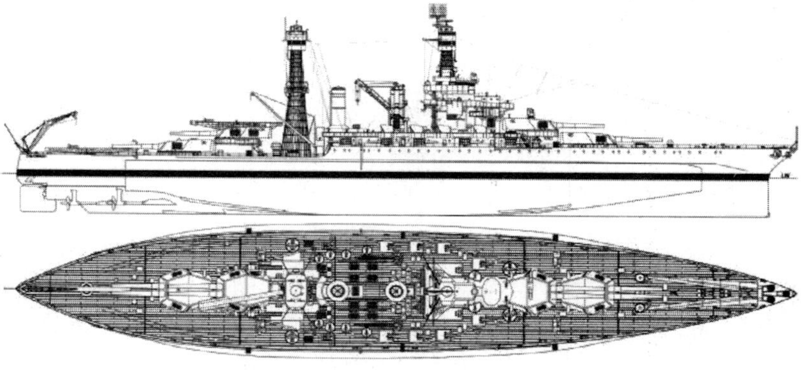

↑"科罗拉多"级战列舰结构图

## 研制背景

“科罗拉多”级战列舰最初计划建造4艘，但3号舰“华盛顿”号（BB-47）因《华盛顿海军条约》的规定而被终止建造。最终建成了3艘：“科罗拉多”号（Colorado）、“马里兰”号（Maryland）和“西弗吉尼亚”号（West Virginia）。其中，“西弗吉尼亚”号战列舰于1920年4月开工，1921年7月下水，1923年12月开始服役。

大洋中的“科罗拉多”级战列舰

疾速行驶中的“科罗拉多”级战列舰

## 作战性能

“科罗拉多”级战列舰继承了当时美国战列舰的标准风格，包括笼式主桅、飞剪形舰艏、副炮安装在艏楼甲板以上、采用电气推进的动力系统等。但有一点不足的是，该级战列舰的航行速度同当时所有的美国战列舰一样没有得到相应的重视，最大航速只有21节。

“科罗拉多”级战列舰上方视角

“科罗拉多”级战列舰舰炮特写

## 实战表现

“科罗拉多”级战列舰参加了硫磺岛和冲绳岛的两栖作战。在这几场战斗中，它的主要威胁来自日本的“神风”自杀飞机。1945年4月，“科罗拉多”级“西弗吉尼亚”号在冲绳海域的战斗中就曾被“神风”飞机击中。在战争结束的前3天（1945年8月12日），“西弗吉尼亚”号还被日本的“回天”自杀鱼雷击中，但损伤并不严重。战争结束后，“科罗拉多”级进入了东京湾，随后参加了运送士兵回国的任务。

战斗中的“科罗拉多”级战列舰

被攻击的“科罗拉多”级战列舰

# “新墨西哥”级战列舰

| | | | |
|---|---|---|---|
| 船身长 | 190米 | 标准排水量 | 35000吨 |
| 舷宽 | 29.7米 | 最高航速 | 21节 |
| 吃水深度 | 9米 | 续航距离 | 8000海里 |

“新墨西哥”级（New Mexico Class）是美国于1914年开始建造的战列舰，同级舰共3艘，分别是“新墨西哥”号（New Mexico）、“密西西比”号（Mississippi）和“爱达荷”号（Idaho）。三舰都参与了二战太平洋战争。

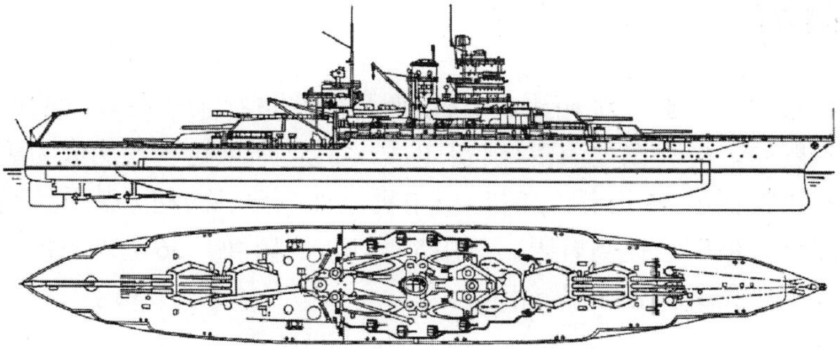

“新墨西哥”级战列舰结构图

## 研制背景

“新墨西哥”级战列舰的建造始于1914年，其首舰“新墨西哥”号于1918年服役，曾参加一战，主要是为己方运输船队护航。二号舰“密西西比”号于1917年服役，并在当年加入太平洋舰队，多数进行巡逻、训练，参加舰队演习。三号舰“爱达荷”号于1919年服役，1925年4月15日驶往夏威夷，加入太平洋舰队。二战爆发后，三舰都经现代化改造后加入战斗。

"新墨西哥"级战列舰远景

整装待发的"新墨西哥"级战列舰

## 作战性能

与"宾夕法尼亚"级相比，"新墨西哥"级进行了一些较大的改进，采用飞剪形舰艏，提高在大浪中行驶时的稳定性（后来这种舰艏成为美国海军舰船的一种特征）。改用蒸汽轮机-发电机驱动电动机的动力装置，动力系统虽然有改进，但航速提高有限。改用50倍口径身管的356毫米主炮，主炮炮塔的布局与"宾夕法尼亚"级相同。

疾速行驶中的"新墨西哥"级战列舰

“新墨西哥”级战列舰“飞剪”型舰艏特写

## 实战表现

二战爆发时，“新墨西哥”级三舰都在大西洋舰队服役。1941年，“新墨西哥”号开始参加中立巡逻。珍珠港事件后，“新墨西哥”级于1942年先后调动到太平洋战区，1943～1944年进行现代化改装。该级舰参加了太平洋战区的数次两栖作战，包括苏里高海峡夜战。另外，“新墨西哥”号曾在冲绳岛战役中接任美国海军第五舰队司令雷蒙德·斯普鲁恩斯的旗舰。

“新墨西哥”级战列舰前甲板及炮塔特写

战斗中的“新墨西哥”级战列舰

# “内华达”级战列舰

| 船身长 | 177.7米 | 标准排水量 | 27500吨 |
| --- | --- | --- | --- |
| 舷宽 | 26.1米 | 最高航速 | 20.5节 |
| 吃水深度 | 8.7米 | 续航距离 | 5120海里 |

“内华达”级（Nevada Class）战列舰是美国二战爆发前所研发的，同级共2艘，即“内华达”号（Nevada）和“俄克拉荷马”号（Oklahoma）。其中，后者在太平洋战争初期被日军击沉，而“内华达”号则参与了不少战斗。

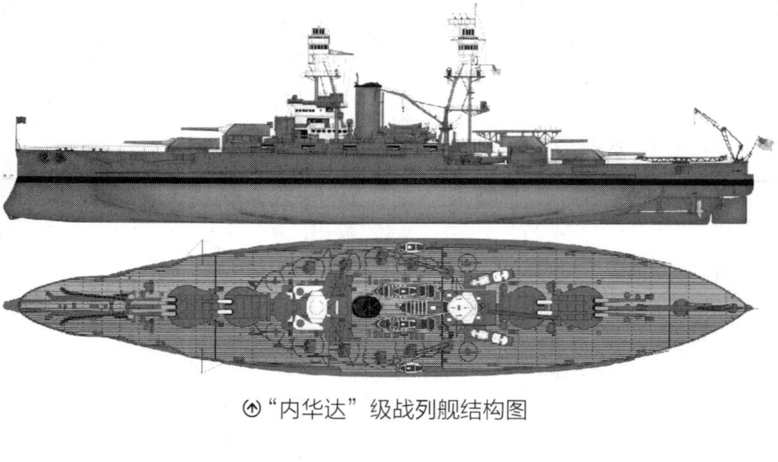

“内华达”级战列舰结构图

## 研制背景

20世纪初期，美国海军进行战舰的火力试验，证明了战列舰传统防护体系的中等厚度装甲无法防御大口径穿甲弹。鉴于此，美国海军急迫地需要一种厚实装甲的战列舰。在参考其他同类战舰后，结合自身的技术，美国最后设计出了“内华达”级战列舰。其首舰“内华达”号于1912年12月开工，1914年7月下水，1916年3月完工并服役；二号舰“俄克拉荷马”号于1912年10月开工，1914年3月下水，1916年5月服役。

⊕疾速行驶中的“内华达”级战列舰

⊕“内华达”级战列舰俯视图

## 作战性能

1927～1930年，“内华达”号战列舰在诺福克海军造船厂进行了一次大规模的现代化改装。在这次改装中，其整个上层建筑几乎全部重建，采用了新的三脚桅杆，原先设置在舷侧的10门主炮被移到露天甲板上，前后各5门，还在舰桥、前桅杆两侧布置了8座127毫米

⊕战斗中的“内华达”级战列舰

高炮，后桅杆两侧也布置了2门76毫米高炮。船艉增加了飞机弹射器，舰宽加大到33米。

⊙执行任务中的“内华达”级战列舰

## 实战表现

1941年，日本海军偷袭珍珠港后，“俄克拉荷马”号至少承受了5条鱼雷的打击，最终倾覆沉没。而“内华达”号驶出港口后，成为日军第二波进攻中的主要目标。其后，对它在西海岸进行现代化改装，改建上层建筑，撤去全部旧式副炮，改装高平双用炮。战争中，“内华达”号往来于太平洋和欧洲战区之间，参加了诺曼底战役、硫磺岛战役和冲绳岛战役。战争结束后，“内华达”号于1946年参与比基尼岛原子弹的试验，1948年7月，作为靶船被击沉。

⊙被攻击的“内华达”级战列舰

⊙下沉的“俄克拉荷马”号

# “宾夕法尼亚”级战列舰

| 船身长 | 185.3米 | 满载排水量 | 40605吨 |
| --- | --- | --- | --- |
| 舷宽 | 29.6米 | 最高航速 | 21节 |
| 吃水深度 | 10.2米 | 续航距离 | 6070海里 |

“宾夕法尼亚”级（Pennsylvania Class）战列舰是“内华达”级后续型号，同级共2艘，即“宾夕法尼亚”号（Pennsylvania）和“亚利桑那”号（Arizona）。

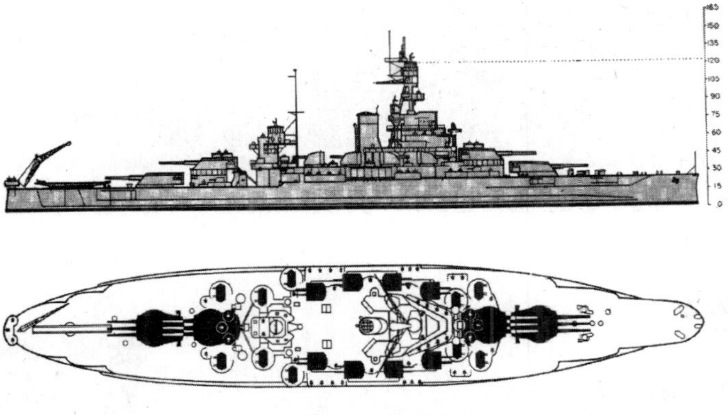

“宾夕法尼亚”级战列舰结构图

## 研制背景

“内华达”级战列舰服役后，在战场上有着不错的表现，随后，美国海军要求再装备几艘这种战列舰。不久，美国便以“内华达”级战列舰为基础，推出了“宾夕法尼亚”级。该级首舰“宾夕法尼亚”号于1913年10月开工，1915年3月下水，1916年6月开始服役；二号舰“亚利桑那”号于1914年3月开工，1915年6月下水，1916年10月服役。

大洋中的“宾夕法尼亚”级战列舰

## 作战性能

1929年7月～1931年3月，“宾夕法尼亚”级战列舰进行了改装，项目包括前、后笼式主桅改为三脚桅并增设桅楼，改建舰桥，撤去部分副炮，加装高射炮，改良防护增加装甲，并加装水上飞机等。二战爆发后，它们与“内华达”级在战场上并肩作战。

“内华达”级战列舰（上2舰）与“宾夕法尼亚”级战列舰（下1舰）

## 实战表现

行驶中的“宾夕法尼亚”级战列舰

1941年，随着太平洋局势的紧张，太平洋舰队也不断加强训练。1941年12月4日，“亚利桑那”号与“内华达”号（“内华达”级战列舰一号舰）、“俄克拉荷马”号（“内华达”级战列舰二号舰）一起进行了夜战训练。

12月5日，“亚利桑那”号返回珍珠港后停泊在“贞洁”号维修船内侧。12月7日，遭到日本舰队偷袭并沉没。

被日军击沉的“亚利桑那”号战列舰

## “田纳西”级战列舰

| | | | |
|---|---|---|---|
| 船身长 | 190米 | 标准排水量 | 32300吨 |
| 舷宽 | 35米 | 最高航速 | 21节 |
| 吃水深度 | 9.2米 | 续航距离 | 8000海里 |

“田纳西”级（Tennessee Class）是美国根据日德兰海战的经验而设计的一款战列舰，同级共2艘，即“田纳西”号（Tennessee）和“加利福尼亚”号（California）。其中，“加利福尼亚”号在二战中共获得7枚“战斗之星”勋章。

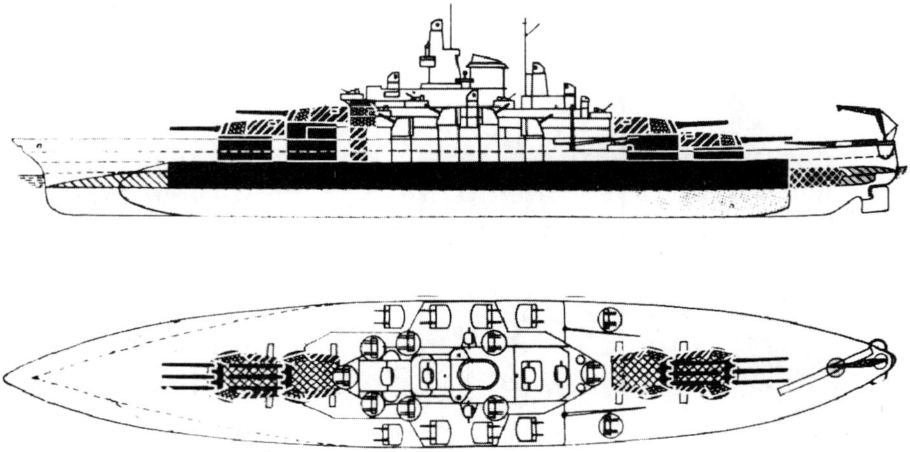

㊀“田纳西”级战列舰结构图

## 研制背景

㊀大洋中行驶的“田纳西”级战列舰

“田纳西”级战列舰是“新墨西哥”级（New Mexico Class）战列舰的改进型。首舰“田纳西”号于1917年5月开工，1919年4月下水，1920年6月服役；二号舰“加利福尼亚”号于1919年11月下水，1921年8月作为太平洋舰队的旗舰开始服役。此后的20年期间，“加利福尼亚”号交替在太平洋舰队和大西洋舰队服役，参加年度的演习、训练和运送任务。1929～1930年，“加利福尼亚”号进行了现代化改装，改装内容主要为安装各种防空火炮。

“田纳西”级战列舰近景

“田纳西”级战列舰侧视图

## 作战性能

“田纳西”级的水下防护比过去的旧型战列舰有很大改进，内部划分多层隔舱，并加强了水平甲板防护。该级采用与“新墨西哥”级战列舰相同的电气推进动力系统。其主炮以及副炮均装有火控系统，在前后主桅上加装大型桅楼安装火力控制设施。其主炮可以上仰到30度，而以前的战列舰只能达到15度，这使射程增加了不少。1942年，“田纳西”级两舰进行彻底的现代化改装，舰体上层建筑拆除，改建成与“南达科他”级战列舰类似的式样，撤去旧式副炮改装新型高平两用副炮，加强防空和防鱼雷的能力。

疾速行驶中的“田纳西”级战列舰

港口中的"田纳西"级战列舰

## 实战表现

执行任务中的"田纳西"级战列舰

1940年，随着太平洋局势的升级，"田纳西"级战列舰随太平洋舰队一起移驻珍珠港。1941年12月7日，珍珠港事件爆发。"田纳西"级"加利福尼亚"号被3条鱼雷击中舰体，1颗炸弹引爆了舰上高射机枪的弹药舱。由于当时"加利福尼亚"号的水密舱没有完全关闭，致使舰艉沉入水中，但舰艏和上层建筑仍在水面上。此次袭击造成舰上98人丧生。

"田纳西"级战列舰（下）战斗编队

# “南达科他”级战列舰

| 船身长 | 210米 | 标准排水量 | 35000吨 |
| --- | --- | --- | --- |
| 舷宽 | 33米 | 最高航速 | 27节 |
| 吃水深度 | 10.5米 | 续航距离 | 17000海里 |

“南达科他”级（South Dakota Class）是美国海军在“北卡罗来纳”级的基础上改进设计的战列舰，一共4艘：“南达科他”号（South Dakota）、“印第安纳”号（Indiana）、“马萨诸塞”号（Massachusetts）和“阿拉巴马”号（Alabama）。

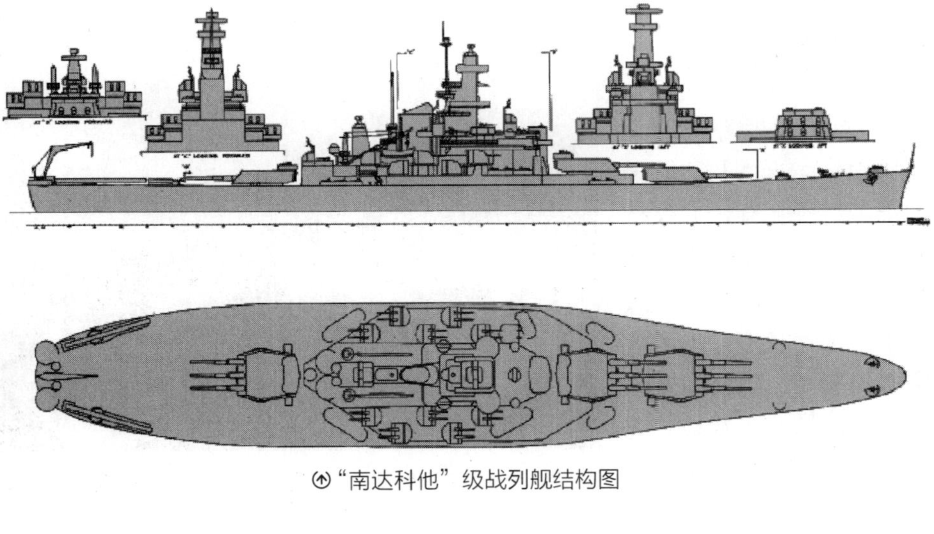

↑“南达科他”级战列舰结构图

## 研制背景

“南达科他”级战列舰于1938年5月被批准进行建造，到1942年，共有4艘建成服役。在设计时，该舰被要求吨位和火力在“北卡罗来纳”级战列舰的基础上不变，但需要加强防护能力；舰宽与“北卡罗来纳”级相同，但是水线长度减少。该舰被公认为攻防平衡的条约型战列舰。

执行任务中的“南达科他”级战列舰

疾速行驶中的“南达科他”级战列舰

## 作战性能

“南达科他”级的设计排水量、火力与“北卡罗来纳”级相同，并保持相同的最大舰宽。不同之处在于：“南达科他”级缩小了水线长度，动力舱室更加紧凑，造成航速略为降低，转弯半径较“北卡罗来纳”级稍大；采用

“南达科他”级战列舰上的各种防空武器

单烟囱，增加侧舷装甲带倾斜角度以及甲板装甲厚度，防护水平有所提高；采用球鼻型舰艏以降低舰体阻力，并增大了主机功率。

↑“南达科他”级战列舰舰炮特写

## 实战表现

1942年10月26日，“南达科他”号同两艘“约克城”级航空母舰一起参加圣克鲁斯群岛战役，在海战中击落32架日本飞机，创造了一艘战舰一天内击落飞机的纪录。1942年11月8日，“马萨诸塞”号参加了北非的“火炬”登陆行动，炮击停泊在卡萨布兰卡港的法国“让•巴尔”号战列舰，406毫米大炮显示了强大的威力，法国战列舰被命中5枚炮弹，丧失了战斗力。两艘法国驱逐舰亦被击沉。

↑战斗状态下的“南达科他”级战列舰

↑“南达科他”级战列舰与舰载机

# "北卡罗来纳"级战列舰

| 船身长 | 222.1米 | 标准排水量 | 35000吨 |
|---|---|---|---|
| 舷宽 | 33米 | 最高航速 | 28节 |
| 吃水深度 | 10.8米 | 续航距离 | 16320海里 |

"北卡罗来纳"级（North Carolina Class）是美国海军根据第二次《伦敦海军条约》于1937年完成设计的一种新型战列舰。同级舰共2艘："北卡罗来纳"号（North Carolina）和"华盛顿"号（Washington）。

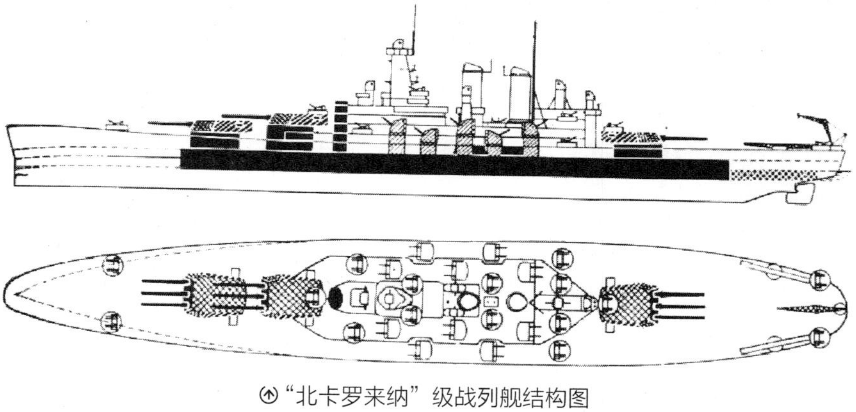

↑"北卡罗来纳"级战列舰结构图

## 研制背景

"北卡罗来纳"级战列舰是美国海军建造的第一型快速战列舰，满载排水量为44800吨，采用3座三联装406毫米口径主炮，最大航速28节。"北卡罗来纳"级战列舰的首舰"北卡罗来纳"号于1937年10月开始建造，1941

年4月服役；次舰“华盛顿”号于1938年6月开始建造，1941年5月服役。太平洋战争爆发后，“北卡罗来纳”级两艘舰加入了美国海军太平洋舰队，主要在太平洋地区活动。

“北卡罗来纳”级战列舰俯视图

港口中的“北卡罗来纳”级战列舰

## 作战性能

“北卡罗来纳”级战列舰安装了3座三联装406毫米口径主炮，并具备27节的高航速，以15节速度航行时，续航力高达16320海里。该舰还安装了当时比较先进的火控雷达，主炮的远距离命中率得到提高。

"北卡罗来纳"级战列舰舰炮一角

## 实战表现

战斗中的"北卡罗来纳"级战列舰

太平洋战争爆发后，"北卡罗来纳"级两舰相继加入美国海军太平洋舰队。在太平洋战争期间，它们参加了大部分重大战斗，主要为航空母舰舰队提供防空火力保护，以及沿岸炮击行动。1942年8月，美军在瓜达尔卡纳尔岛登陆，"北卡罗来纳"号成为当时为美国快速航空母舰舰队护航的唯一一艘战列舰。1942年11月14日，"华盛顿"号在第二次瓜达尔卡纳尔海战中，利用雷达的引导攻击日本海军"雾岛"号战列舰，命中其9枚406毫米炮弹，迫使其自沉于瓜岛水域。1944年，"华盛顿"号在一次碰撞事故中舰艏被撞毁。

## "怀俄明"级战列舰

| 船身长 | 171米 | 标准排水量 | 26000吨 |
|---|---|---|---|
| 舷宽 | 28.4米 | 最高航速 | 21节 |
| 吃水深度 | 8.7米 | 续航距离 | 5190海里 |

"怀俄明"级（Wyoming Class）战列舰是美国二战时使用的一款军舰。由于诞生时间较早，在二战中它算得上是最"年长"的，同级共2艘，即"怀俄明"号（Wyoming）和"阿肯色"号（Arkansas）。

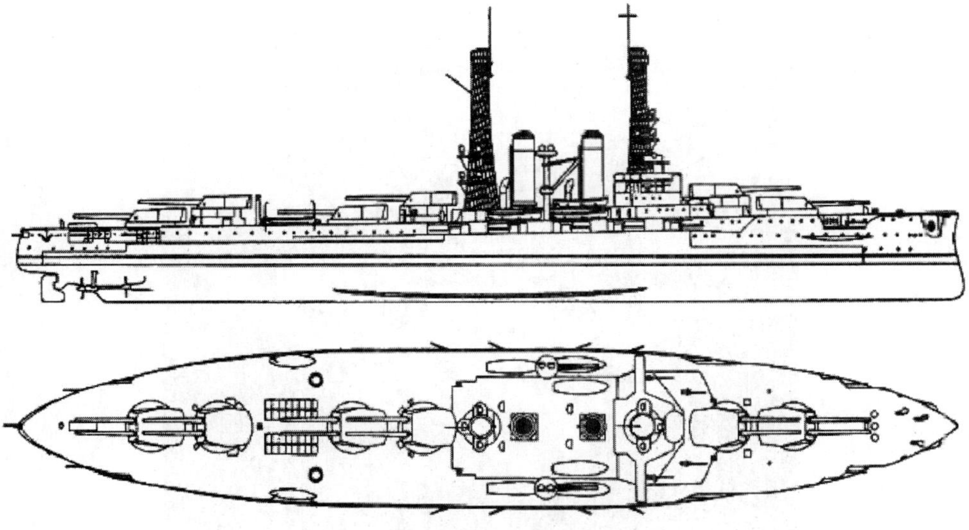

↑"怀俄明"级战列舰结构图

## 研制背景

港口中的“怀俄明”级战列舰（左）

20世纪初期，由于海上战争的需要，美国开始着手打造各色战舰，其中就包括“怀俄明”级战列舰。其首舰“怀俄明”号于1910年2月9日开工，1911年5月25日下水，1912年9月25日完工，1927年进行现代化改造；二号舰“阿肯色”号于珍珠港事件后，在大西洋舰队服役，1942～1944年间，它参加向苏联方向航行的运输船队的护航行动。

## 作战性能

“怀俄明”级安装12门305毫米主炮，6座炮塔采用成对背负式的方式布置，这种布置方式使主炮口爆风对舰体上层建筑影响较小。当时，英国已经开始建造“超无畏”级战列舰，美国海军曾考虑是否安装356毫米口径主炮，但由于从未装备过这种口径，需要重新设计、试验，最后经过慎重考虑，还是按照原计划安装305毫米口径主炮，并加强了防御装甲。

战斗演习中的“怀俄明”级战列舰

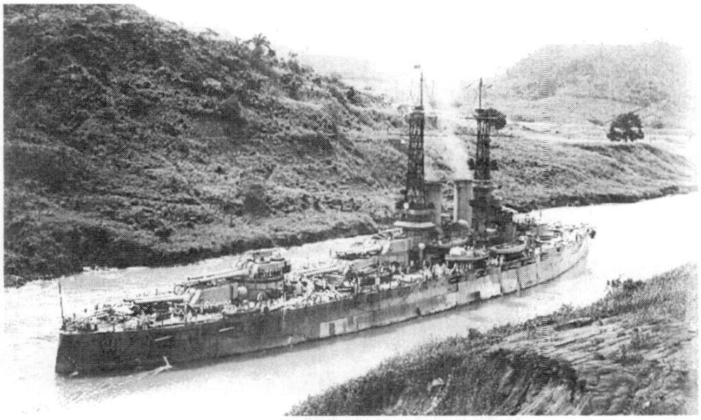

⊙ 穿过峡湾的“怀俄明”级战列舰

## 实战表现

1931年，“怀俄明”号按照《伦敦海军条约》规定解除武装，同年5月成为一艘训练舰。随着空中威胁日益增强，它于1941年11月拆除了部分主炮，加装了防空火炮，成为一艘防空训练舰。太平洋战争中，“怀俄明”号作为防空训练舰使用，虽未参加战斗，却为整个海军舰队培训了无数名高炮射手，为战争做出了巨大贡献。

1944年10月，“阿肯色”号进入太平洋，参加了之后对日本的战争，主要任务是炮击日军所占领的岛屿阵地和日本本土。战后，“阿肯色”号于1946年退役，并作为比基尼岛的原子弹试验靶船，在试验中沉没。

⊙ 在大洋执行任务的“怀俄明”级战列舰

战斗中的“怀俄明”级战列舰

## “纽约”级战列舰

| | | | |
|---|---|---|---|
| 船身长 | 175米 | 标准排水量 | 27000吨 |
| 舷宽 | 29.1米 | 最高航速 | 21节 |
| 吃水深度 | 8.7米 | 续航距离 | 7060海里 |

“纽约”级（New York Class）是美国海军在“怀俄明”级的基础上改进设计的一型战列舰，共建2艘：“纽约”号（New York）和“得克萨斯”号（Texas）。

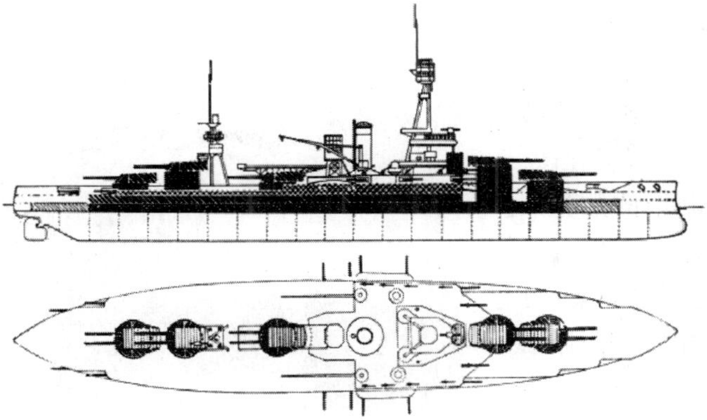

“纽约”级战列舰结构图

## 研制背景

20世纪初期，美国“怀俄明”级战列舰装备的是305毫米口径主炮，而当时世界主要海军强国的战列舰都已经装备更大口径的主炮。这使美国海军感到不安，于是决定打造新式356毫米口径主炮的战列舰，即“纽约”级战列舰。其首舰“纽约”号1911年开工，

建造中的“红约”级战列舰

舰队中的“纽约”级战列舰（最前）

1914年服役，二战中，它在大西洋舰队服役，主要担任训练舰；二号舰“得克萨斯”号于1911年开二，1914年服役，它与“纽约”号一起服役于大西洋舰队，1941～1944年主要为运输船队提供护航。

## 作战性能

1926年，“纽约”级战列舰进行了第一次现代化改装，减少了舷侧副炮的数量；拆掉前、后部笼式主桅，改在第三和第四炮塔之间架设1个后桅楼，舰桥改为三脚樯式；将2个烟囱并为1个；搭载3架水上侦察机。

正在进行物资补给的“纽约”级战列舰

停留在纽约港的“纽约”级战列舰

## 实战表现

1942年，“纽约”号参加了盟军登陆北非的火炬行动。1943年，它执行了为穿越大西洋船队提供护航的任务，同年年底，返回本土进行现代化改装。1944年，“纽约”号加入太平洋舰队，参加了硫磺岛、冲绳岛和攻击日本本土的作战行动。

疾速行驶中的“纽约”级战列舰

战斗中的“纽约”级战列舰

1944年6月，“得克萨斯”号参加了诺曼底登陆战役的行动，之后返回美国进行现代化改装。1944年12月，“得克萨斯”号驶入太平洋参加对日作战。在太平洋战区，“得克萨斯”号参加了硫磺岛、冲绳岛和攻击日本本土的作战行动。

## “衣阿华”级战列舰

| | | | |
|---|---|---|---|
| 船身长 | 270米 | 标准排水量 | 45000吨 |
| 舷宽 | 33米 | 最高航速 | 31节 |
| 吃水深度 | 11米 | 续航距离 | 13000海里 |

“衣阿华”级战列舰是美国海军建成的排水量很大的一级战列舰。首舰“衣阿华”号因当时美国总统富兰克林·罗斯福的需要，而成为历史上唯一一艘有浴缸的战列舰。

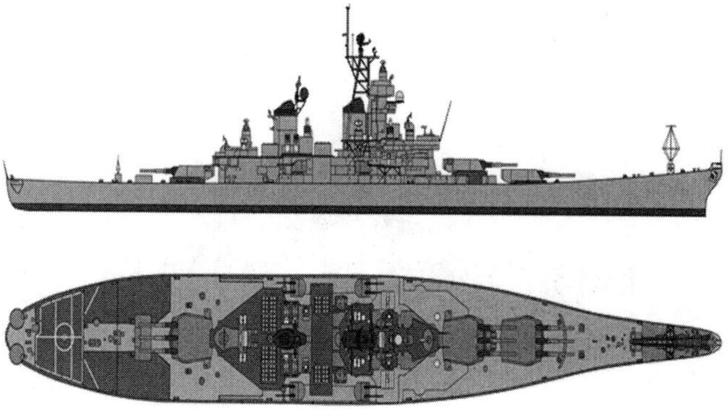

↑“衣阿华”级战列舰结构图

## 研制背景

1938年初，美国海军确定了“南达科他”级战列舰后续的4.5万吨级新型高速战列舰的设计方案——“衣阿华”级战列舰。该级战列舰在保持“南达科他”级防护水平的基础上重点提高了航速和搭载更大功率的动力装置。为了能够通过巴拿马运河船闸，便于大西洋和太平洋之间的快速调动，采用限制船体最大宽度，拉长舰体的措施，细长的舰艏曲线与日本海军的“大和”级战列舰相似。

↑战斗中的“衣阿华”级战列舰

## 作战性能

⊕ 进行现代化改造的“衣阿华”级战列舰

“衣阿华”级战列舰装有3座三联装主炮塔，采用Mk 7型406毫米主炮，发射Mk 8型穿甲弹，在14.5海里的距离上可穿透381毫米的垂直装甲。高炮为10座双联装127毫米高平两用炮，对空射程为6海里。此外，该级舰还装备了15座四联装40毫米博福斯机炮和60门20毫米厄利孔机炮。在1980年的改造中，旧有武装除了3座三联装406毫米主炮全数保留外，拆除了所有40毫米、20毫米机炮和4座双联装两用炮，装备上了SPG-55F型127毫米炮瞄准雷达、8座4联装“战斧”巡航导弹发射器、SLQ-32型电子战系统、卫星通信系统、4座四联装“鱼叉”反舰导弹发射器、4座密集阵近防系统等新武器。原来的水上飞机起重机及停放支架也被拆除，换上无人驾驶飞机弹射器以装备5架以色列生产的“先锋”型无人驾驶飞机，还新增了直升机起降平台，可供4架直升机停放。

## 实战表现

⊕ 1984年仍在服役的“衣阿华”级战列舰

太平洋战争期间，“衣阿华”级战列舰以其高速性以及强大的高射火力伴随航空母舰特遣舰队和支援两栖登陆作战，相继参加了进攻日本的海上作战，其中包括莱特湾海战、硫磺岛战役、冲绳战役以及炮击日本本土的战斗。二战后，美国为了压制苏联海军的挑战，在1981～1989年间曾提出“600艘舰艇海军”计划，大规模扩充海军。在美国总统的支持下，四艘“衣阿华”级战列舰经过大规模现代化改装后，再次重返现役。

# "波特"级驱逐舰

| 船身长 | 116米 | 标准排水量 | 1850吨 |
|---|---|---|---|
| 舷宽 | 11.02米 | 最高航速 | 35节 |
| 吃水深度 | 3.18米 | 续航距离 | 6480海里 |

"波特"级驱逐舰（Porter Class Destroyer）是美国海军在20世纪30年代的舰队更新计划中所开发的第二种驱逐舰，也是美国第一种以向导驱逐舰（Destroyer Leader）为概念所开发的舰艇。

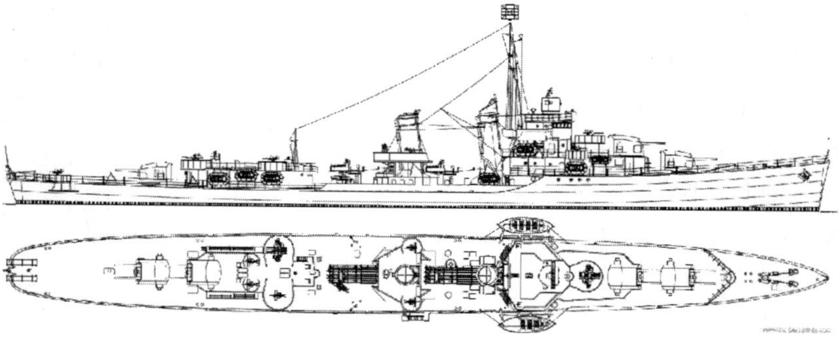

↑"波特"级驱逐舰结构图

## 研制背景

1921年，美国海军将官便提出过5种向导驱逐舰的设计方案，但由于驱逐舰的建造需要花费大量财力物力，因此遭到了国会的阻止。后来日本和法国都分别开始建造驱逐舰，美国海军才开始感到巨大的压力，最终决定研究生产出了“波特”级驱逐舰。

## 作战性能

极速行驶的“波特”级驱逐舰

“波特”级驱逐舰是美国第一种以向导驱逐舰为概念所开发的舰艇，这种舰艇比一般舰艇要大，火力也比一般舰艇强。

“波特”级驱逐舰采用了4具重油蒸气锅炉搭配2具主机，双轴推进的设计。它的武装有4座炮塔，搭配四连装28毫米防空机炮2座、四连装533毫米鱼雷发射管2具和深水炸弹滑轨两条。二战后在此之上又做了一些改造，将28毫米防空机炮换成四连装博福斯40毫米机炮和2座连装厄利孔20毫米机炮，使其防空火力有大幅度的加强。

## 实战表现

美军参战后，“波特”级驱逐舰就跟随美军在各个战地辗转，大部分都在太平洋，其中只有3艘在大西洋。

海面上的“波特”级驱逐舰

1942年10月26日，“波特”号在南太平洋海战中抢救被击落的TBF“复仇者”轰炸机飞行员时，被意外缠上救生圈的TBF鱼雷撞击到舰身，该鱼雷爆炸，“波特”号也受了重创。在生还官兵全体弃舰之后，无奈由僚舰“萧”号用炮火将其击沉。战后有部分本级舰被从驱逐舰降级改装为杂役船，直到1949年才退役。

# “本森”级驱逐舰

| 船身长 | 106.12米 | 标准排水量 | 1620吨 |
| --- | --- | --- | --- |
| 舷宽 | 11米 | 最高航速 | 37.5节 |
| 吃水深度 | 3.58米 | 续航距离 | 5940海里 |

“本森”级驱逐舰（Benson Class Destroyer）是美国海军在二战以前以及二战中建造的驱逐舰。

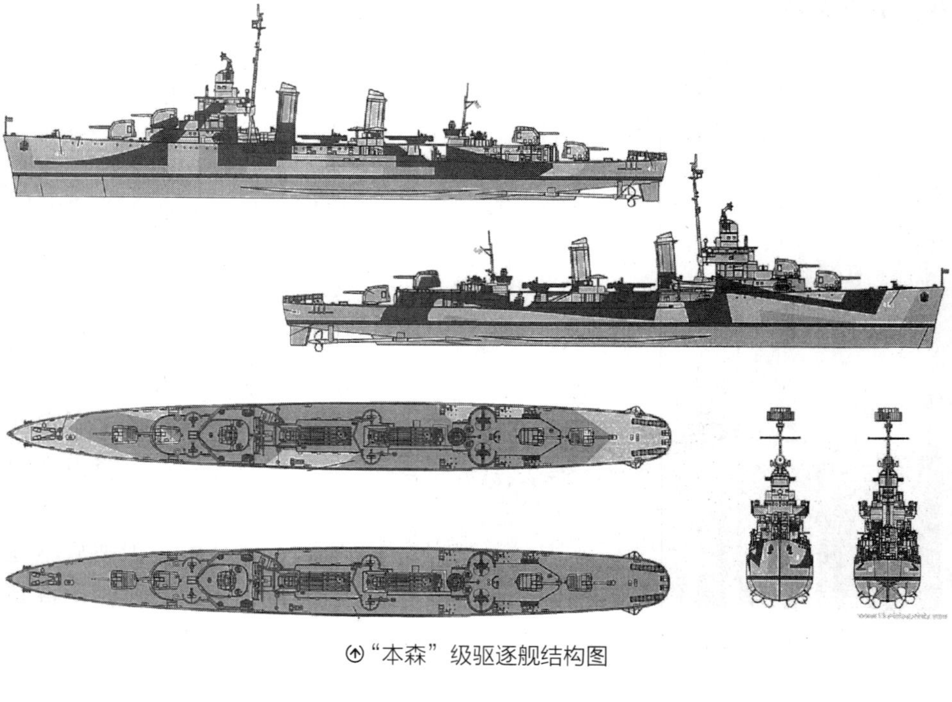

↑“本森”级驱逐舰结构图

## 研制背景

“本森”级驱逐舰是“西姆斯”级的改良型，采用“奥玛哈”级巡洋舰类似的配置，两个锅炉室分得很开，避免发生被一颗鱼雷刚好打中动力系统时造成完全丧失动力的风险，是两根烟囱构型。本级使用伯利恒钢铁厂独家的轮机系统，烟囱剖面比较方正。这些船是太平洋战争初期美军驱逐舰的主力。

静止在海面的“本森”级驱逐舰

## 作战性能

“本森”级驱逐舰的主炮多为单座并且都是炮塔式，所以存在着重心过高的问题。1942年后主炮减为4门，鱼雷从四联装改为五联装，该级的武器装备有5门5英寸38倍径主炮、6挺50机枪、2座五联装533鱼雷发射管、2座深水炸弹投射轨。有部分舰艇在大西洋服役时拆除了鱼雷管而加了反潜武器，但转移到太平洋战场时又把鱼雷管装回来了。

## 实战表现

“本森”级驱逐舰在珍珠港被袭和美国进入二战后继续在大西洋和地中海服役，并且在北非、意大利和法国南部进行支援，直到在1945年初转移到太平洋，是太平洋战争初期美军驱逐舰的主力。在战争中该级损失了4艘，战后仍继续服役了一段时间。

海面行驶的“本森”级驱逐舰

# “维克斯”级驱逐舰

| 船身长 | 95.8米 | 标准排水量 | 1154吨 |
| --- | --- | --- | --- |
| 舷宽 | 9.4米 | 最高航速 | 35节 |
| 吃水深度 | 2.7米 | 续航距离 | 2500海里 |

“维克斯”级驱逐舰（Wickes Class Destroyer）是美国海军在一战时所建造的“考德威尔”级驱逐舰的改良型，也是美国海军史上产量第五高，更是少数两次世界大战都有参与的舰艇。

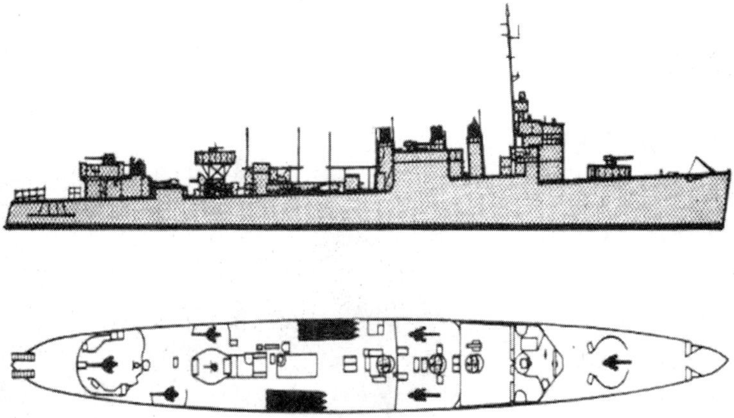

↑“维克斯”级驱逐舰结构图

## 研制背景

“维克斯”级驱逐舰诞生时正逢一战战况最为激烈的时刻。当时美国海军现有的驱逐舰普遍有吨位过小、耗油量过高的问题，依据英国在战争中的经验，美国海军觉得有必要及早开发出大型、高速度、长续航力的驱逐舰。除了有利于长时间巡弋与作战之外，也能搭载更大量的武装，因此研究生产了“维克斯”级驱逐舰。

## 作战性能

“维克斯”级驱逐舰采用4具诺曼或怀特·福斯特重油蒸气锅炉，搭配2具主机，用双轴推进。武装搭配有露天炮座的单装炮5门、四联装533毫米鱼雷发射管3座及深水炸弹滑轨2条。二战时尚在服役的“维克斯”级将全部旧有火炮拆除，改装为Mk.20 76毫米单装高平两用炮及单装博福斯40毫米机炮和厄利孔20毫米机炮各2门。

航行中的“维克斯”级驱逐舰

## 实战表现

一战时期，本级舰是美国反潜作战以及运输船团护卫的主力舰，一战结束之后，大多伴随着美国海军的缩编而退役纳入后备舰队，尚在服役的则有部分被改装为轻型布雷舰或高速扫雷舰。二战爆发后，美国依《租借法案》将22艘该级舰移交英国和加拿大皇家海军，其余各舰则纷纷被启封并投入大西洋的“中立区域”巡逻和船团护卫作战。为了适应新的战场环境，美国还为该级舰增设了燃料槽以增加续航力，并将鱼雷管拆除换装为单装3英寸高平两用炮和机炮。战争后期，“维克斯”级驱逐舰陆续退出第一线，并改装成为高速运输舰或杂役船继续运作。

纽约造船公司建造的“维克斯”级驱逐舰

# “克莱姆森”级驱逐舰

| 船身长 | 95.8米 | 标准排水量 | 1215吨 |
|---|---|---|---|
| 舷宽 | 9.4米 | 最高航速 | 35节 |
| 吃水深度 | 2.8米 | 续航距离 | 4900海里 |

“克莱姆森”级驱逐舰（Clemson Class Destroyer）是美国在一战后期建造的驱逐舰，和前两级一样是平甲板设计，又被通称为平甲板驱逐舰（Flush deckers）。

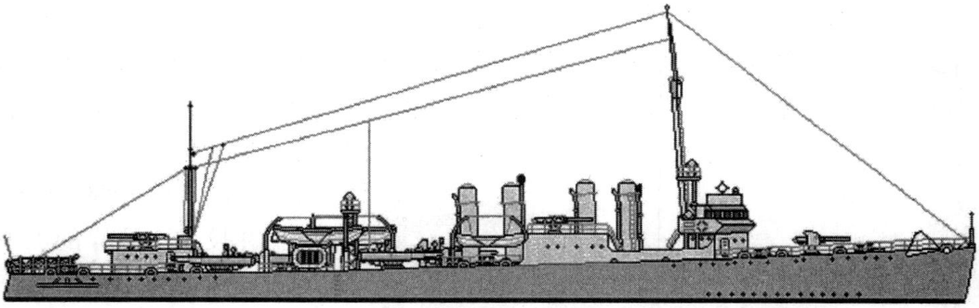

“克莱姆森”级驱逐舰结构图

## 研制背景

美国参加一战以后，深感反潜护航任务的重要性，此后大量生产的平甲板型驱逐舰在反潜方面都有所强化。“克莱姆森”级驱逐舰的设计目标就是改进航程，然而为了避免改动太大而影响生产速度，又考虑仍可执行舰队驱逐舰功能，于是决定维持35节的最高航速，仅增加船体内油槽。

## 作战性能

“克莱姆森”级驱逐舰的主武装为4门101.6毫米50倍径炮，以及4座三联装鱼雷发射管，配备Mk.8型的鱼雷。主炮配置主要是舰桥前方一门，后方平台上左右各配置一门，以及后方一门。防空武器为一门76.2毫米23倍径炮，通常安装于后部构造物上方。后来还加装了反潜武装的深水炸弹投射轨。在二战中，为了增进防空能力，主炮被改为76.2毫米50倍径高平两用炮，本来的101.6毫米炮则被改装到武装商船上。

⊕ 极速行驶的“克莱姆森”级驱逐舰

## 实战表现

由于“克莱姆森”级驱逐舰建造时已经是一战后期，所以很多并不曾参与战斗。1937年，有4艘被改造成“布雷”驱逐舰。19艘该级舰在1940年依据《租借法案》提供给英国，其余进入二战的有多艘被改为高速运输舰（APD）、高速扫雷舰（DMS）、布雷驱逐舰（DM）以及水上机母舰（AVD）。

⊕ 漂浮在海面的“克莱姆森”级驱逐舰

# “格里德利”级驱逐舰

| 船身长 | 103.9米 | 标准排水量 | 1590吨 |
| --- | --- | --- | --- |
| 舷宽 | 10.9米 | 航速 | 38.5节 |
| 吃水深度 | 3.9米 | 续航距离 | 6500海里 |

“格里德利”级驱逐舰是二战时期美国海军的1500吨级驱逐舰，共制造了4艘。

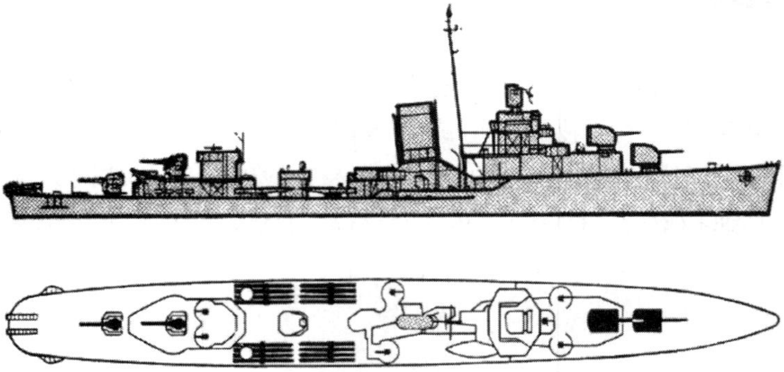

↑“格里德利”级驱逐舰结构图

## 研制背景

“格里德利”级驱逐舰舰体设计基于“马汉”级驱逐舰，在设计之初，美国海军对驱逐舰的战术思想仍重视鱼雷战，所以共安装了四座鱼雷发射管，减少了一门主炮。该级舰的轮机系统较之前的战舰而言有所进步，蒸气压也有所提升，使得航速提高不少，但新轮机耗油更高，因此续航距离有所缩短。此外因为新轮机较大，旧的舰体空间不足，因此本级仅建造4艘便停止了。

↑“格里德利”级驱逐舰

## 作战性能

“格里德利”级驱逐舰的主炮是4门单装Mk.12 127毫米38倍径高平两用炮，前两座是炮塔设计，后两座是开放式。鱼雷管共计4座四联装发射管，左右舷各两座。

## 实战表现

在二战爆发前，4艘“格里德利”级驱逐舰都编入同一个驱逐舰队，在日本偷袭珍珠港时，伴随“企业”号前往威克岛，之后几个月经常伴随航空母舰在中太平洋进行游击作战。之后4艘同级驱逐舰被派往不同战地执行任务，1945年，由于高空升级的适航性太差，太平洋地区的3艘舰被撤销，1948年底剩下的驱逐舰也被废除。

“格里德利”级驱逐舰

# “巴格里”级驱逐舰

| 船身长 | 104.14米 | 标准排水量 | 1624吨 |
| --- | --- | --- | --- |
| 舷宽 | 10.82米 | 最高航速 | 36.8节 |
| 吃水深度 | 3.15米 | 续航距离 | 6940海里 |

“巴格里”级驱逐舰（Bagley Class Destroyer）是二战以前美国海军建造的驱逐舰，共8艘。

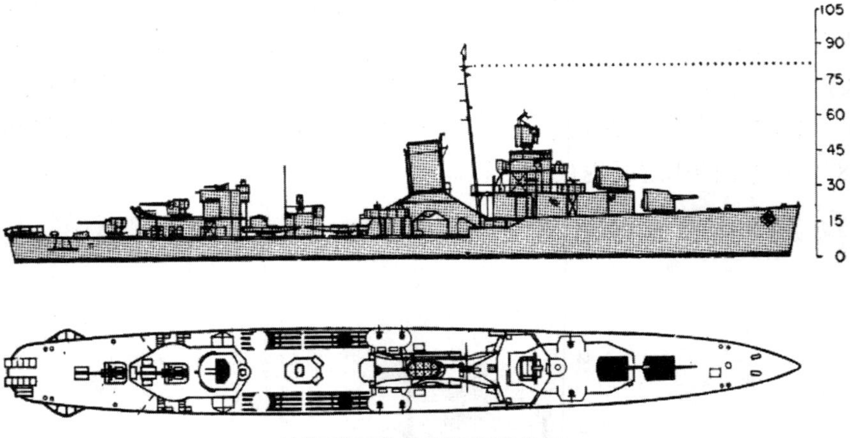


↑“巴格里”级驱逐舰结构图

## 作战性能

“巴格里”级驱逐舰的主炮是4门单装Mk.12 127毫米38倍径高平两用炮，

前两座是炮塔设计，后两座是开放式。鱼雷管共计4座四联装发射管，左右舷各两座，与“格里德利”级驱逐舰构造相仿。但是它的稳定性比前级略佳，因此得以在二战时加装一座双联装40毫米炮。

“巴格里”级驱逐舰

## 实战表现

美国海军所建造的8艘“巴格里”级驱逐舰全部参与了太平洋战争。1942年8月8日，“贾维斯”号成为第一个受害者，被日军空投鱼雷命中，在返回维修途中沉没，全舰无人生还。两周后，“布鲁”号在瓜达犬纳尔海域也被日本驱逐舰“江风”号的鱼雷击沉。剩下的其余各舰在1943年编入麦克阿瑟指挥下的第七舰队，在新几内亚区域作战。1944年回归中太平洋战场并参与了多场战役。

风浪中的“巴格里”级驱逐舰

# “索莫斯”级驱逐舰

| 船身长 | 116米 | 标准排水量 | 1840吨 |
| --- | --- | --- | --- |
| 舷宽 | 11.02米 | 最高航速 | 36节 |
| 吃水深度 | 3.15米 | 续航距离 | 7020海里 |

“索莫斯”级驱逐舰（Somers Class Destroyer）是美国在二战前建造的领导驱逐舰，共建造了5艘。

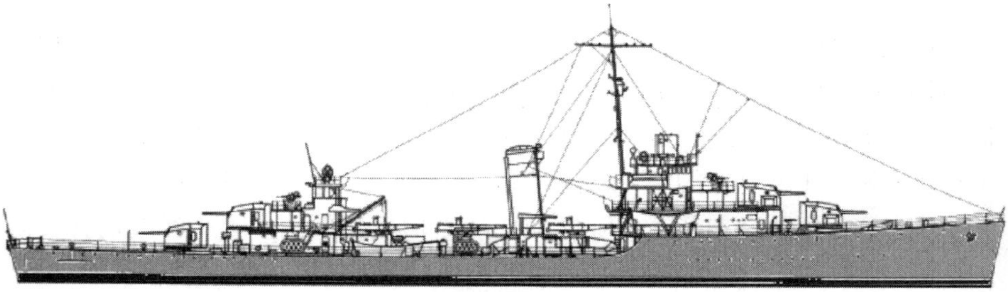

↑“索莫斯”级驱逐舰结构图

## 研制背景

1930年，《伦敦海军条约》规定超过1500吨级的大型驱逐舰总排水量不得超过各国驱逐舰总排水量的16%，并且驱逐舰最大不得超过1850吨，因此美国计划建造13艘达到此最

↑“索莫斯”级驱逐舰

大排水量的大型驱逐舰，其中前8艘是“波特”级驱逐舰，后与艘就是“索莫斯”级驱逐舰。

## 作战性能

“索莫斯”级驱逐舰的主炮和其他驱逐舰相同，都是Mk.12型38倍径炮，共8门。但为了减轻重量，本级的主炮仅能平射，高射由50机枪和28毫米炮提供。进入二战以后，为了加强防空火力，本级驱逐舰全部进行了改造，将第三炮塔拆除改装40毫米机炮。部分舰只是后来将主炮改装为高平两用，将第一和第四炮塔改为如同“基灵”级驱逐舰的双联装炮塔，第三炮塔改为和“佛莱契尔”级一样的单装，第二炮塔则拆除改为40毫米波福斯对空机炮。

极速行驶的“索莫斯”级驱逐舰

## 实战表现

“索莫斯”级驱逐舰除了“桑普森”号以外全部派往大西洋，并参与船团护航以及诺曼底登陆支援。“桑普森”号则主要是在东南太平洋以及南太平洋一带执行任务，参与了比亚克岛登陆支援任务，之后在1944年底转派大西洋。

DD-394“桑普森”号驱逐舰

# “西姆斯”级驱逐舰

| 船身长 | 106.1米 | 标准排水量 | 1570吨 |
|---|---|---|---|
| 舷宽 | 11米 | 航速 | 36.5节 |
| 吃水深度 | 4.1米 | 续航距离 | 6500海里 |

“西姆斯”级驱逐舰是美国海军在二战前建造完成的最后一级驱逐舰。

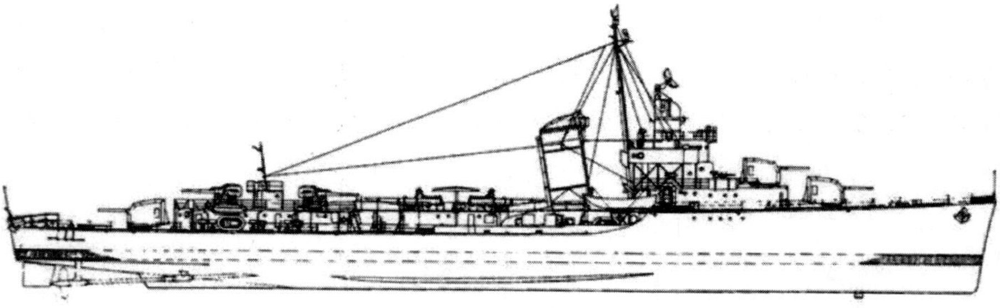

↑“西姆斯”级驱逐舰结构图

## 研制背景

美国海军于20世纪30年代开始建造“西姆斯”级驱逐舰，共建造了12

艘，它延续了“宾汉”级单轮机室单烟囱的设计，加长了船身长度，并安装了Mk37射控系统。

⊙ 刚建造完成的“西姆斯”级驱逐舰

⊙ 改造后的“西姆斯”级驱逐舰

## 作战性能

“西姆斯”级驱逐舰的主炮为5门Mk.12 127毫米38倍径高平两用炮，服役后发现存在鱼雷重心过高的问题，于是将最早安装的3座四联装发射管中的一座鱼雷管拆除并改为放置在中央，后期建造时直接就少装一座发射管。而拆卸的鱼雷发射管后来安装于“亚特兰大”级轻巡洋舰上。在北大西洋时，又发现冰冷天气妨碍露天炮座操作，于是倒数第二座炮也改成炮塔式，并拆除了中间炮座。

⊙ 行驶中的“西姆斯”级驱逐舰

## 实战表现

二战期间，“西姆斯”级驱逐舰在各个战地服役，其中有5艘在战争中被摧毁，3艘战争结束前正在大修，但未完成便终止并解体，其余4艘参加“十字路”行动，1艘当场沉没，其余作为靶舰被击沉。

⊕ 海面上的“辛姆斯”级驱逐舰

# “弗莱彻”级驱逐舰

| 船身长 | 114.8米 | 标准排水量 | 2500吨 |
|---|---|---|---|
| 舷宽 | 12米 | 最高航速 | 36.5节 |
| 吃水深度 | 3.8米 | 续航距离 | 3750海里 |

“弗莱彻”级（Fletcher Class）是美国二战中最著名的驱逐舰，它组成了二战中后期美国海军驱逐舰队的主力。

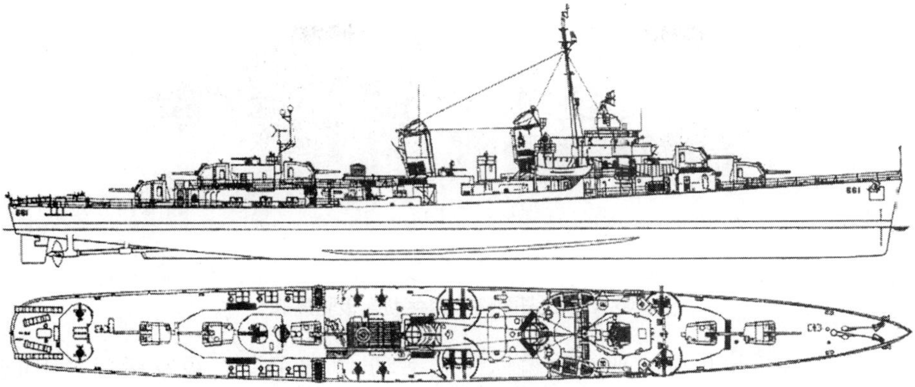

“弗莱彻”级驱逐舰结构图

## 研制背景

大洋行驶中的“弗莱彻”级驱逐舰

二战初期，美国虽然没有参战，但仍在大力研发各种武器（包括海上军舰），以备不时之需。1940年，美国开始了一项名为1941型驱逐舰的工程，即“弗莱彻”级驱逐舰。当时，美国海军和本土各造船厂签订了为数不少的“弗莱彻”级驱逐舰订单。珍珠港事件后，再一次加大了订单数量，直至最后，一共建造了175艘。

战斗准备中的“弗莱彻”级驱逐舰

## 作战性能

停泊在海面的“弗莱彻”级驱逐舰

为了与航空母舰、巡洋舰编队一起活动，“弗莱彻”级驱逐舰采用4台“考克斯”式重油焚烧锅炉和2台通用电气公司产高性能汽轮机，优于当时日、德、英等国使用的产品，总功率60000马力，最大航速37.8节，实际使用中最高航速为36.5节，续航力3750海里（14节），燃料搭载量492吨。

等待任务命令的“弗莱彻”级驱逐舰

## 实战表现

二战期间，总共有175艘的“弗莱彻”级驱逐舰在短短两年间赶造出来，并参加了战争中后期的各次重要海上战役。值得注意的是，美国驱逐舰的设计从“弗莱彻”级开始又回到了平甲板型的道路上来。二战后，幸存的“弗莱彻”级进行了改装，部分舰只重新定级为DDE和DDR，20世纪70年代全部退役。

“弗莱彻”级驱逐舰与航空母舰

⊙ 疾速行驶中的“弗莱彻”级驱逐舰

## “桑普森”级驱逐舰

| 船身长 | 96.09米 | 标准排水量 | 1073吨 |
| --- | --- | --- | --- |
| 舷宽 | 8.96米 | 最高航速 | 29.5节 |
| 吃水深度 | 3.05米 | 续航距离 | 5000海里 |

“桑普森”级（Sampson Class）是美国于一战后设计生产的一款驱逐舰，同级共6艘：“桑普森”号（Sampson）、“罗恩”号（Rowan）、“戴维斯”号（Davis）、“艾伦”号（Allen）、“威尔克斯”号（Wilkes）和“肖”号（Shaw）。

## 实战表现

“桑普森”级的部分舰参加了一战后期战事，主要是护航。到了20世纪30年代中期，该级已经老化，开始逐步退役。到了二战时，只有“艾伦”号继续服役。1940年，它被编入太平洋舰队。1941年12月7日，该舰在珍珠港停泊，目睹日本的偷袭，但“艾伦”号并没受到损伤。“艾伦”号被保存下来，在战争中多在太平洋护航和巡逻，并未参加一线作战，战后退役拆毁。

“桑普森”级驱逐舰

行驶中的“桑普森”级驱逐舰

# “埃瓦茨”级护航驱逐舰

| | | | |
|---|---|---|---|
| 船身长 | 88.2米 | 标准排水量 | 1140吨 |
| 舷宽 | 10.7米 | 最高航速 | 21.5节 |
| 吃水深度 | 2.7米 | 续航距离 | 4300海里 |

“埃瓦茨”级护航驱逐舰（Evarts Class Destroyer Escort）是二战期间美国建造的护卫驱逐舰，专为船团护航以及反制敌军潜艇用，也被称作GMT型（General Motors Tandem）。

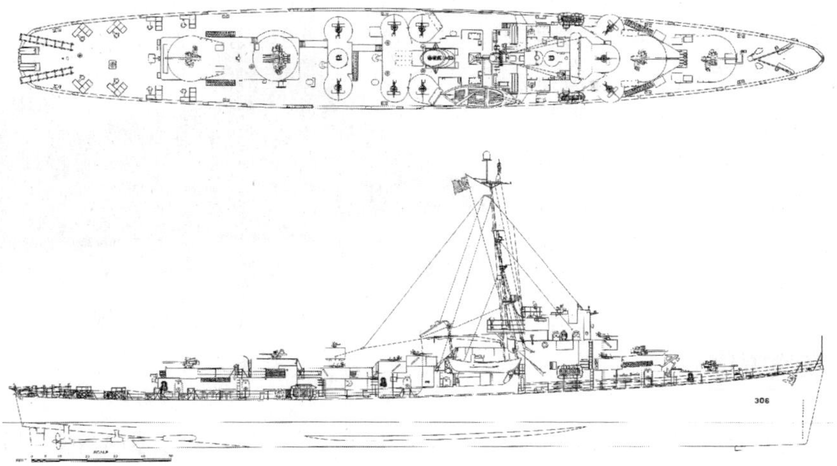


⊙“埃瓦茨”级护航驱逐舰结构图

## 研制背景

⊙极速行驶中的“埃瓦茨”护航驱逐舰

1939年，美国发现缺乏护航用舰艇，大部分生产的军舰包含驱逐舰都是为了舰队使用而设计的，造价昂贵，生产性又不好，而船团护航需要的是成本低，容易大量生产，不需多余武装的第2线驱逐舰，因此美军提出了研发护航驱逐舰的需求。1941年7月，美国海军与吉伯斯-寇克思设计公司共同完成新军舰的设计，称之为英国护航驱逐舰（BED）。1941年8月15日罗斯福批准BED制造案，“埃瓦茨”级护航驱逐舰就此诞生。

## 作战性能

“埃瓦茨”级护航驱逐舰使用潜水艇、两栖战舰等运用的柴电动力配置方式，但由于美国并无适合的高出力柴油机，在相同尺寸船舱内能配备的动力机组输出功率只有原本构想的一半，所以“埃瓦茨”级极速也只剩下19节，主推进器由两具发电机采用串联方式运作。舰艇大量的空间用于设置反潜武器，包括后甲板两侧K炮、舰艉深水炸弹放置轨，后期在前甲板两座76.2毫米炮之间增设的刺猬炮，以二战的反潜机能来说相当充足。

↑“埃瓦茨”级护航驱逐舰

## 实战表现

“埃瓦茨”级护航驱逐舰总计建造97艘，其中提供给英国32艘，另外65艘在美国海军服役。它同时在美国海军和英国皇家海军之间服役，但英国皇家海军将其重新定级为护卫舰，而非原来的护航驱逐舰。该级舰有很高的干舷，虽然不容易上浪，但不怎么灵活，因而加剧了横摇。战争结束后，在英国服役的舰除了已沉没的舰艇外其余全部归还美国。

# “克利夫兰”级巡洋舰

| | | | |
|---|---|---|---|
| 船身长 | 186米 | 标准排水量 | 11800吨 |
| 舷宽 | 20.2米 | 最高航速 | 32节 |
| 吃水深度 | 7.5米 | 续航距离 | 10000海里 |

“克利夫兰”级（Cleveland Class）是美国海军在二战前设计的轻巡洋舰，并参与了二战开战，是美国在此次战争中参战最多的巡洋舰。

“克利夫兰”级巡洋舰结构图

## 研制背景

1938年，美国海军鉴于日本海军的逐步强大，同时清楚地知道日本的侵略野心，于是决定建造新一代巡洋舰，它的设计完全摆脱了各类海军军备条约的限制。鉴于在欧洲战区的实战经验，该级在设计时希望增大航程和增强防空火力，以提高战舰的整体战斗力，这一级新型巡洋舰被定名为“克利夫兰”级。

“克利夫兰”级巡洋舰侧面

疾速行驶中的“克利夫兰”级巡洋舰

## 作战性能

“克利夫兰”级巡洋舰编队

“克利夫兰”级巡洋舰使用了先进的独立防水隔舱，舷部隔舱宽度小，容积小，没有专门的贯通全舰的电缆通道，这样在舰体破损后海水向全舰范围内的漫延速度和范围就会大大缩小，而且舰体水密性较好，对鱼雷的防护能力比较好。另外，该级舰有较高的干舷，所以有较大的储备浮力。同时，其水平方面的防护效果也比较理想，再加上火力强大，综合作战能力很高，因此得到了很大发展，生产了大量同型舰。

## 实战表现

1941年，日本偷袭珍珠港使美国太平洋舰队损失惨重。当时，“克利夫兰”级巡洋舰只有5艘服役，还没形成战斗力。美国海军为了加强海军势力，向国会提出加建“克利夫兰”级巡洋舰，国会批准将建造数量提高39艘。1943年，由于美国在太平洋上参战的航空母舰只有1艘，所以美国海军决定以“克利夫兰”级巡洋舰舰体建造“独立”级（Independence Class）轻型航空母舰，共动用9艘“克利夫兰”级巡洋舰舰体。

等待战斗命令的“克利夫兰”级巡洋舰

# “奥马哈”级巡洋舰

| 船身长 | 167.8米 | 标准排水量 | 7162吨 |
|---|---|---|---|
| 舷宽 | 16.9米 | 航速 | 34节 |
| 吃水深度 | 6.1米 | 续航距离 | 8460海里 |

“奥马哈”级（Omaha Class）是美国一战后设计并于战后制造的巡洋舰。二战爆发后，其略显落后，但经现代化改造后，仍不失是一款高性能战舰。

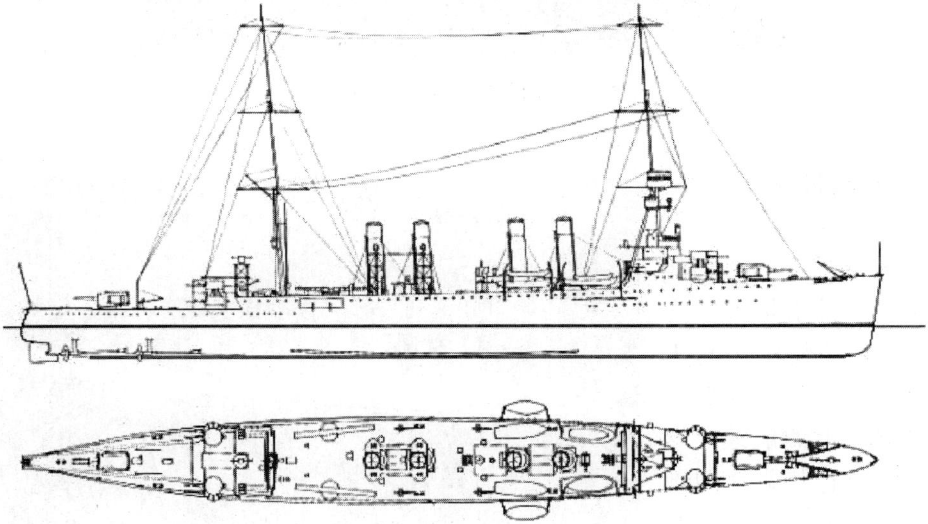

↑“奥马哈”级巡洋舰结构图

## 研制背景

"奥马哈"级巡洋舰

一战结束后，美国海军装备了多种战舰，包括战列舰、驱逐舰以及巡洋舰等。但是，一支完善的舰队，除了拥有重火力的战舰之外，还需要一种用于侦察、情报等用途的战舰。为此，美国打造了"奥马哈"级巡洋舰。它的主要使命是作为主力（战列舰）舰队的先遣舰，率领驱逐舰进行战前侦察行动，以便为主力舰队提供可靠的情报。

战斗中的"奥马哈"级巡洋舰

## 作战性能

疾速行驶中的"奥马哈"级巡洋舰

"奥马哈"级巡洋舰标准排水量大约为7162吨，使用大马力的发动机，使其拥有34节以上的航速，这可以使它与驱逐舰部队密切配合。"奥马哈"级巡洋舰有庞大

㊉ 等待命令中的“奥马哈”级巡洋舰

的储油量，使它有持久的作战能力，而它所装备的152毫米火炮、533毫米鱼雷，足以应付任何阻止其行动的敌方驱逐舰。太平洋战争爆发后，“奥马哈”级巡洋舰虽然是旧式舰，但性能良好，经过现代化改装，都能上战场杀敌。

## 实战表现

“奥马哈”级巡洋舰全部参加了二战，多数用来执行海岸巡逻、运输、护航等任务。珍珠港事件中，两艘“奥马哈”级巡洋舰“底特律”号（Detroit）和“罗利”号（Raleigh）均在海港里。战后，该级所有战舰都退役并拆毁。

㊉ 停泊在母港的“奥马哈”级巡洋舰

㊉ 准备起航的“奥马哈”级巡洋舰

# “阿拉斯加”级巡洋舰

| | | | |
|---|---|---|---|
| 船身长 | 246.3米 | 标准排水量 | 27000吨 |
| 舷宽 | 27.6米 | 最高航速 | 33节 |
| 吃水深度 | 9.2米 | 续航距离 | 11350海里 |

“阿拉斯加”级（Alaska Class）是美国于20世纪30年代开始建造的一款巡洋舰，二战爆发后，在战场上起到了不小的作用。

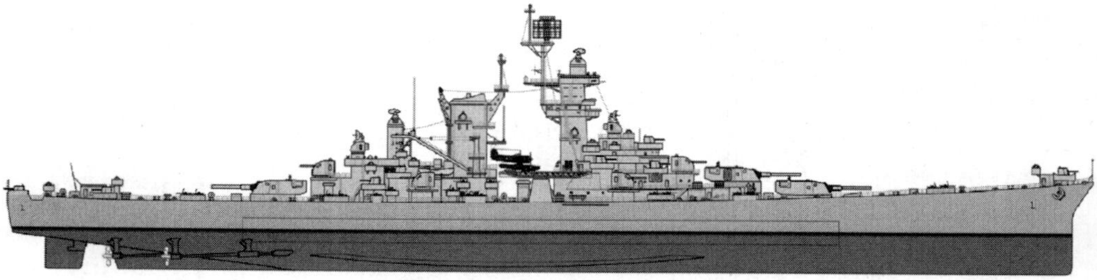

↑“阿拉斯加”级巡洋舰结构图

## 研制背景

疾速行驶中的“阿拉斯加”级巡洋舰

20世纪30年代，美国决意打造一款新型的巡洋舰，原因无它，仅为了和德国当时的大型军舰相抗衡。之后，在多种设计方案中，美国海军选择了“阿拉斯加”级巡洋舰。该级巡洋舰预计建造6艘，但实际只完成2艘。首舰“阿拉斯加”号（Alaska）和第二艘“关岛”号（Guam）分别于1944年6月17日和1944年9月17日服役，加入太平洋舰队对日作战。因为战争的结束，第三艘“夏威夷”号（Hawaii）最终未能完成，而后3艘均被取消。

太平洋上的“阿拉斯加”级巡洋舰

## 作战性能

“阿拉斯加”级巡洋舰上的防空武器特写

“阿拉斯加”级配备了强大的防空火力，包括56门40毫米四联装博福斯高炮，以及34门20毫米厄利康高炮，组成了严密的防空火力网，同时还可以向其他军舰提供防空火力支援。此外，“阿拉斯加”级还搭载4架柯蒂斯SC-1水上飞机，作为侦察机和弹着点观测机使用。

等待战斗命令的“阿拉斯加”级巡洋舰

## 实战表现

“阿拉斯加”级巡洋舰在太平洋战争中主要充当巡洋舰分舰队的旗舰，伴随舰队航空母舰作战。它曾经参加炮击舰队炮轰过日本本土。战争结束后，在大幅削减军费的冲击下，“阿拉斯加”级巡洋舰相继在20世纪40年代末退役拆毁。

充当舰队旗舰的“阿拉斯加”级巡洋舰

# “彭萨科拉”级巡洋舰

| 船身长 | 178.5米 | 标准排水量 | 9100吨 |
|---|---|---|---|
| 舷宽 | 19.8米 | 最高航速 | 32.5节 |
| 吃水深度 | 5.9米 | 续航距离 | 10000海里 |

“彭萨科拉”级巡洋舰（Pensacola Class Cruiser）是依照《华盛顿海军条约》规定建造的标准排水量不超过1万吨、主炮口径不超过203.2毫米的美国海军在最早装备的条约型巡洋舰。

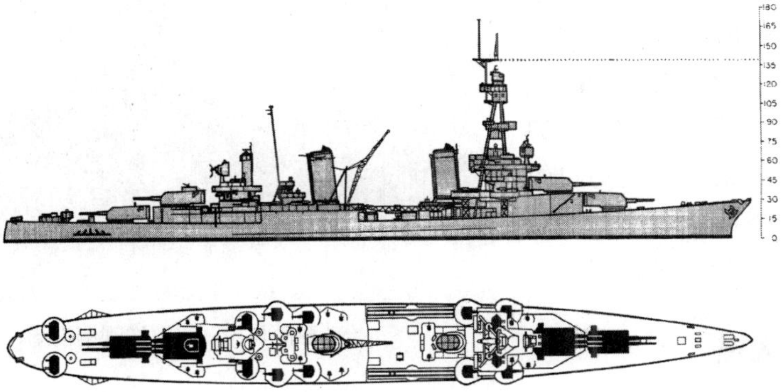


“彭萨科拉”级巡洋舰结构图

## 研制背景

《华盛顿海军条约》签订后，伴随着英国皇家海军的“霍金斯”级巡洋舰所表现出来的战斗力带来的压力，美国开始考虑要建造符合条约规定上限的巡洋舰来对抗它。1925年3月，通过研究一系列设计方案，美国完成了一型装备10门203.2毫米主炮的重型巡洋舰，即“彭萨科拉”级巡洋舰。

“彭萨科拉”级巡洋舰三艘同级舰

## 作战性能

“彭萨科拉”级巡洋舰在建造之时，因为缺乏建造全炮塔型巡洋舰的经验，再加上条约的限制，因此为了降低重量，舰体采用电焊工艺建造，并且只能使用薄弱的仅能勉强防御152.4毫米口径炮的装甲防御。

此舰第一和第四炮塔为双联装，拥有10门203.2毫米55倍径Mk9主炮，它可以将120千克的炮弹以850米/秒的初速射出，在41度仰角时最大距离可达29130米。但由于重心过高对实际的绩效有所影响，后来战争中改装为Mk14型主炮，性能相近但提高了寿命。此外，1940年左右拆除了早期作为近距离武器安装在左右两舷各一座的三联装533毫米鱼雷发射管，副炮也改装成了博福斯40毫米高射炮以及厄利孔20毫米机炮。

↑“彭萨科拉”级巡洋舰侧视图

## 实战表现

“彭萨科拉”级巡洋舰是开战后的主力重巡洋舰，它参与了多数著名战役，例如隶属北太平洋舰队的“盐湖城”号就参加了科曼多斯岛海战以及瓜岛周围的多次海战，并以劣势兵力力挫日军，为太平洋战争赢得了一些关键性胜利。

# “布鲁克林”级巡洋舰

| 船身长 | 185米 | 标准排水量 | 9767吨 |
| --- | --- | --- | --- |
| 舷宽 | 19米 | 最高航速 | 32.5节 |
| 吃水深度 | 7米 | 续航距离 | 10000海里 |

“布鲁克林”级（Brooklyn Class）巡洋舰是美国海军在二战前建造的一级轻型巡洋舰。

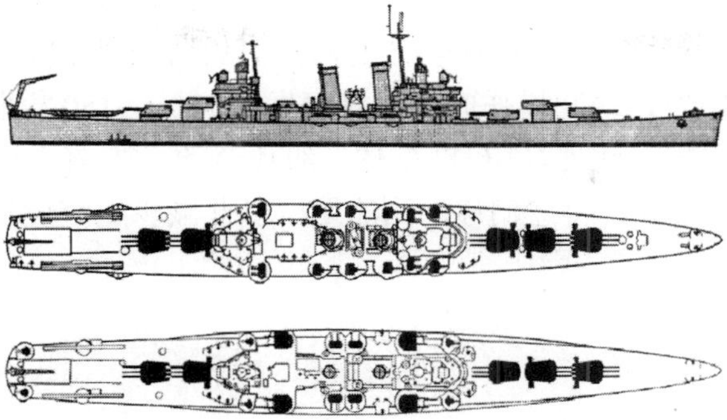

㊤“布鲁克林”级巡洋舰结构图

## 研制背景

由于《伦敦海军条约》的限制，美军只可以再建造两条华盛顿条约型的重巡洋舰，为了能有足够的实力对抗其他国家的海军力量，美军不得不转而建造装备152.4毫米主炮的轻型巡洋舰。

㊤两侧视角的“布鲁克林”级巡洋舰

## 作战性能

“布鲁克林”级巡洋舰是美国轻型巡洋舰中火力最大的，它装备了5座三联装152毫米主炮塔，该炮塔在47.5度仰角时射程可达23881米，每分钟可单独发射8～10发，一起操作时每分钟可发射120～150发炮弹，火力甚至超越前级重巡洋舰。此外，“布鲁克林”级还修改了先前重巡洋舰将航空设施置于船中央的设计，将它们移动到船尾，以此减少航空燃油起火导致严重损坏的机会。

↑行驶中的“布鲁克林”级巡洋舰

## 实战表现

“布鲁克林”级巡洋舰作为二战前建成的一级新锐轻型巡洋舰参与了不少海战。1943年7月12日的科隆班加拉海战中“圣路易斯”号被日本鱼雷重创，同年同月，“海伦纳”号在所罗门群岛海域的库拉湾海战中被击中三枚航空鱼雷。1944年11月“圣路易斯”号在莱特湾海战中又再次被神风命中。二战后，拥有坚强火力和优秀性价比的“布鲁克林”级成为国际军火市场上的抢手货，除“萨凡纳”号、“火努鲁鲁”号和被击沉的“海伦纳”号之外全部被南美国家购入充实本国海军实力。

↑“布鲁克林”级巡洋舰在战斗中受到袭击

# “约克城”级航空母舰

| 船身长 | 230米 | 标准排水量 | 19900吨 |
|---|---|---|---|
| 舷宽 | 25.37米 | 舰载机数量 | 97架 |
| 吃水深度 | 7.91米 | 最高航速 | 32.5节 |

“约克城”级（Yorktown Class）航空母舰是二战期间美国海军于太平洋的中坚力量，同级共3艘，分别为“约克城”号（Yorktown）、“企业”号（Enterprise）和“大黄蜂”号（Hornet）。

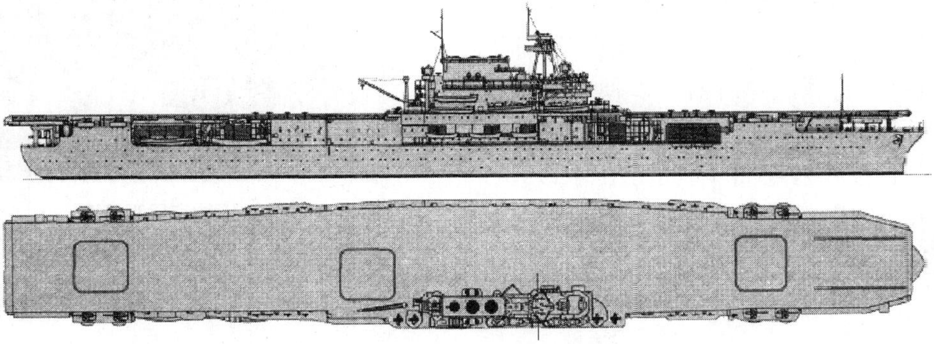

↑“约克城”级航空母舰结构图

## 研制背景

20世纪20年代，基于军用飞机的变革，各国开始大力发展舰载机以及航空母舰，作为工业大国，美国自然也不例外。当时，由于受到《华盛顿海军条约》的直接限制，以及其他方面的原因，美国只有69000吨排水量可用作建造航空母舰。在这种情况下，美国为其海军打造出了“约克城”级航空母舰。

↑"约克城"级航空母舰俯视照

## 作战性能

"约克城"级航空母舰采用的是开放式机库，并拥有3个升降机，它们分别位于舰体的前、中、后部。该舰的桅杆、舰桥、烟囱一体化的大型岛式建筑位于右舷，并在木制的飞行甲板前端装有1台蒸汽弹射器，以便紧急情况下让飞机可以通过横向弹射器从机库里直接弹射起飞。但是，由于该设计并不实用，所以于1942年拆除。

↑"约克城"级航空母舰正面

↑"约克城"级航空母舰上的舰载机

## 实战表现

被攻击的“约克城”级航空母舰

“约克城”级航空母舰服役于二战前夕，头两舰“约克城”号及“企业”号曾参与舰队解难演习。战争爆发后，“约克城”号调往大西洋做中立巡航，“企业”号留在太平洋舰队，“大黄蜂”号则赶工建造。珍珠港事件时，“企业”号侥幸避过一劫，而三舰在1942年初均调到太平洋。太平洋战争初期，三舰分别参与了马绍尔及吉尔伯特群岛突袭、珊瑚海海战及空袭东京。而三舰唯一一次同场作战，是在同年关键性的中途岛海战，其中，“约克城”号因战损沉没。

“约克城”级航空母舰整体图

# “中途岛”级航空母舰

| | | | |
|---|---|---|---|
| 船身长 | 295米 | 满载排水量 | 45000吨 |
| 舷宽 | 37米 | 舰载机数量 | 55架 |
| 吃水深度 | 10米 | 最高航速 | 39节 |

“中途岛”级（Midway Class）是二战期间美国建造的最大的一种航空母舰，而且它还是第一艘有飞行甲板装甲的航空母舰，同级共3艘，即“中途岛”号（Midway）、“罗斯福”号（Roosevelt）和“珊瑚海”号（Coral Sea）。

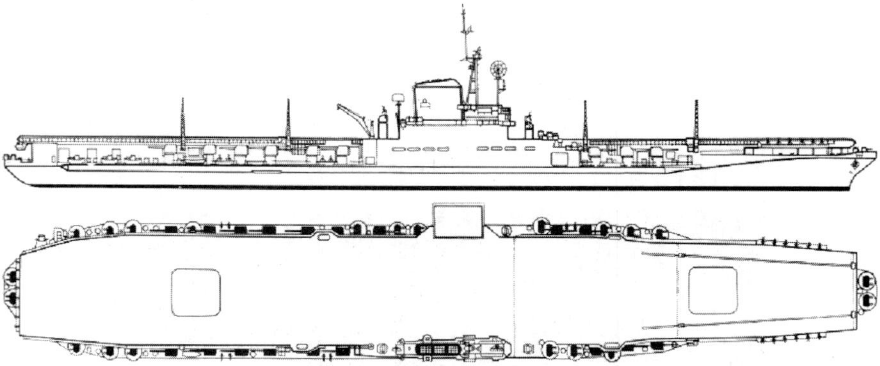

↑“中途岛”级航空母舰结构图

## 研制背景

“中途岛”级航空母舰侧面

“中途岛”级航空母舰于1943年10月开始动工，其全部建造工期一直拖到1945年9月才完成。这时，二战的帷幕已经落下。“中途岛”级航空母舰建成时是当时世界上最大的航母。“中途岛”级航空母舰曾是美国海军航空母舰中的“三朝元老”。它的首制舰“中途岛”号和第二艘“珊瑚海”号在历经近半个世纪的海上风风雨雨之后，陆续退出现代海上舞台。这两个二战中的产物及其战后的英姿风采给人们留下了深刻的印象。

疾速行驶中的“中途岛”级航空母舰

“中途岛”级航空母舰甲板上的舰载机

## 作战性能

“中途岛”级航空母舰上设置有2个弹射器，可搭载75架舰载机。自身武器装备方面，该级主要装载有

CRP导航雷达，MK15 CIWS舰炮，WSC-3通信指挥系统，PN44着舰指挥控制雷达，SPS 48C对空搜索雷达，以及MK115发射器导弹和导弹发射器等。

## 实战表现

⊕ 舰队中的“中途岛”级航空母舰

“中途岛”号于1952年10月设计改装为攻击航母（CVA-41），1955年7月开始在布雷默顿（Bremerton）海军船厂进行了SCB110改装，在1957年9月完工后重新加入美国海军服役。1966年2月到1970年1月期间，“中途岛”号在美国三藩（旧金山）海军船厂进行了SCB101改装。此后，从1973年直到退役都被部署在日本。1975年6月，该舰又被重新设计为多用途航母（CV-41），但不能操作反潜飞机。

⊕ 战斗演习中的“中途岛”级航空母舰

# “卡萨布兰卡”级航空母舰

| 船身长 | 156.1米 | 标准排水量 | 7800吨 |
| --- | --- | --- | --- |
| 舷宽 | 32.9米 | 舰载机数量 | 27架 |
| 吃水深度 | 6.9米 | 最高航速 | 20节 |

“卡萨布兰卡”级（Casablanca Class）是美国最著名的一级护航航空母舰，不但在建造数量上远超其他几级，在战争中的表现也可圈可点。

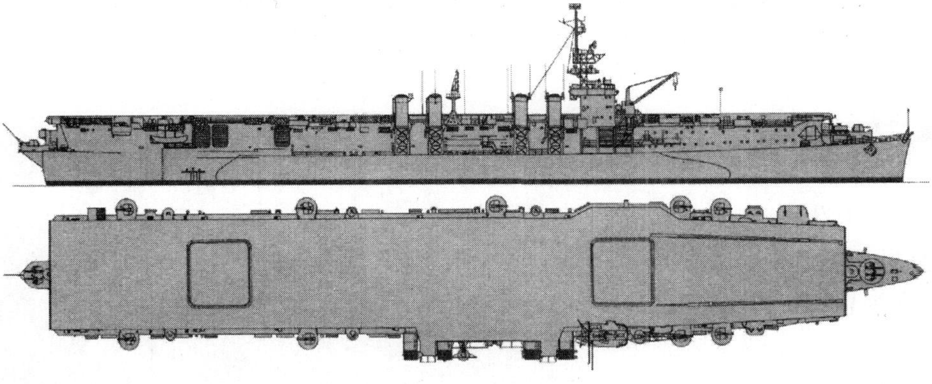

⊕“卡萨布兰卡”级航空母舰结构图

## 研制背景

随着二战战局的发展，时任美国总统的罗斯福强调要多造护航航空母舰。为此，美国海事委员会提出了批量生产的方案。凭借美国工业的强大实力，只用一年时间，美国船厂便造出了50艘护航航空母舰，并命名为“卡萨布兰卡”级。

㊉“卡萨布兰卡”级航空母舰侧面

㊉现代化改造后的“卡萨布兰卡”级航空母舰

## 作战性能

“卡萨布兰卡”级航空母舰拥有2台升降机和1台弹射器，一般搭载27架飞机，分别为9架战斗机、9架鱼雷轰炸机、9架俯冲轰炸机；有时也配置18架鱼雷轰炸机，取消俯冲轰炸机。在实际战斗中，这个配置也会发生种种变化，例如“彼得罗夫湾”号就曾搭载过16架F4F“野猫”战斗机和12架TBF“复仇者”轰炸机。

㊉满载的“卡萨布兰卡”级航空母舰

## 实战表现

因航速和装甲等方面的限制，护航航空母舰一般不直接参加战斗，多担负对岸轰炸和支援任务。然而，在1944年10月的莱特湾大海战中，6艘“卡萨布兰卡”级护航航空母舰“不幸”地撞上最强大的日本水面舰队——第一机动舰队，从而展开了一场小狗斗大象般的战斗。由于美军的奋战，给予日本舰队重创，自身仅损失2艘护航航空母舰（“圣罗”号和“甘比尔湾”号）。

被击毁的“卡萨布兰卡”级航空母舰

## “列克星敦”级航空母舰

| 船身长 | 270.7米 | 标准排水量 | 36000吨 |
|---|---|---|---|
| 舷宽 | 32.3米 | 最高航速 | 33.25节 |
| 吃水深度 | 9.3米 | 续航距离 | 10000海里 |

“列克星敦”级航空母舰（Lexington Class Aircraft Carrier）是美国海军在二战前建造的大型装甲航空母舰，也是美国海军第一种大型航空母舰。

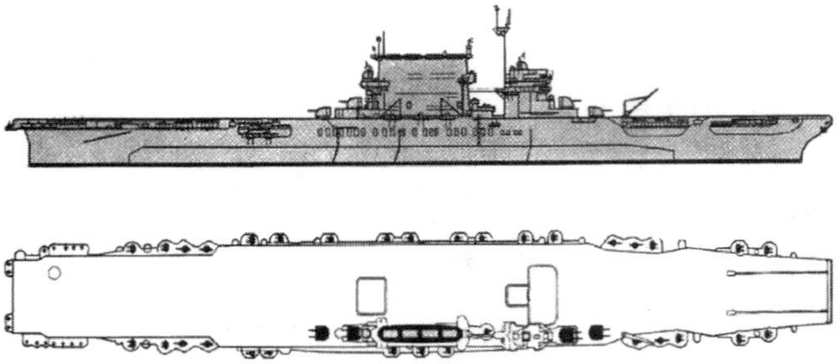

“列克星敦”级航空母舰结构图

## 研制背景

演习中的“列克星敦”级航空母舰

按照1922年签订的《华盛顿海军条约》规定，世界各大海军强国都必须根据条约限制本国所拥有的战列舰数量与火炮口径，条约准许美国利用规定将必须废弃的军舰船体改装两艘3.3万吨级航空母舰，因此美国决定将停建的“列辛顿”级中进度最快的“列克星敦”号和“萨拉托加”号改建成航空母舰。

## 作战性能

沉没的“列克星敦”级航空母舰

“列克星敦”级航空母舰共有两艘同型舰，即“列克星敦”号和“萨拉托加”号。两舰皆于1927年完工，采用封闭舰艏，单层机库，长271米的全通式飞行甲板，右舷设置岛式舰桥与巨大而扁平的烟囱以及电气推进动力系统。上层建筑前后装备4座双联装203毫米口径火炮，用来打击水面目标。

## 实战表现

Ⓐ“列克星敦”级航空母舰被击沉

1942年5月珊瑚海海战中，由“列克星敦”号与“约克城”号航空母舰起飞的舰载机，分别击沉、击伤日本海军“祥凤”号与“翔鹤”号两艘航空母舰，但“列克星敦”号也遭到重创，最后因为航空汽油渗漏，汽油蒸汽逐渐蔓延引起大爆炸而被摧毁沉没。同年，“萨拉托加”号的舰载机在瓜岛海域击沉了日本海军“龙骧”号轻型航空母舰。太平洋战争期间，“萨拉托加”号曾遭日本潜艇和“神风”自杀飞机攻击三次负伤，但仍安然支撑到战争结束。1946年，“萨拉托加”号在“十字路”行动的核试验中，因为原子弹的水下爆炸威力造成舰体大量进水而沉没。

# 4.2 潜艇

## “猫鲨”级潜艇

| | | | |
|---|---|---|---|
| 船身长 | 95米 | 水上最大航速 | 21节 |
| 舷宽 | 8.31米 | 水下最大航速 | 9节 |
| 吃水深度 | 5.2米 | 最大潜深 | 90米 |

“猫鲨”级潜艇（Gato Class Submarine，有时又直接音译为“加托”级潜艇）是美国海军在二战中使用过的一个潜水艇级别，属于使用柴油引擎及电动机的传统动力潜艇。

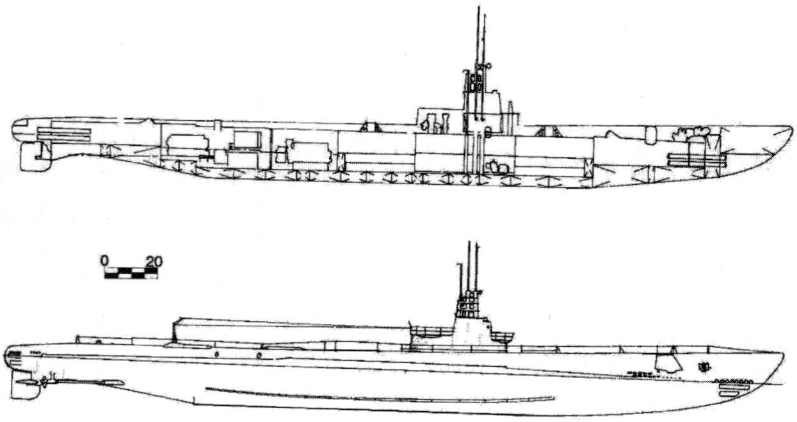


↑“猫鲨”级潜艇结构图

## 研制背景

“猫鲨”级潜艇的设计目的是作为辅助战斗舰队，基于一战中的经验，在原来潜艇的基础上有所改造，形成了新的“猫鲨”级潜艇。

## 作战性能

“猫鲨”级潜艇继承“河豚”级（Tambor Class）潜水艇的设计，将其大型化并延长了水下及水面的续航距离。与后继的“白鱼”级（Balao Class）与“丁鲷”级（Tench Class）共同构成了二战时美国海军的潜艇舰队主力。

↑“猫鲨”级潜艇侧视图

## 实战表现

在太平洋战争初期由于珍珠港事件的严重损失，太平洋舰队没有足够军舰去阻止日军咄咄逼人的攻势，潜艇部队发起闻名的“狼群作战”打击日本通往太平洋诸岛的交通线，给太平洋舰队争得了宝贵的备战时间，除了打击运输线，“猫鲨”级在战役场面表现也相当亮眼。

# “小鲨鱼”级潜艇

| | | | |
|---|---|---|---|
| 船身长 | 95米 | 水上最大航速 | 21节 |
| 舷宽 | 8.2米 | 水下最大航速 | 8.5节 |
| 吃水深度 | 4.6米 | 最大潜深 | 230米 |

“小鲨鱼”级（Gato Class）是美国海军二战中的主力潜艇（同级数量77艘），它是混用柴油引擎及电动机的传统动力潜艇。

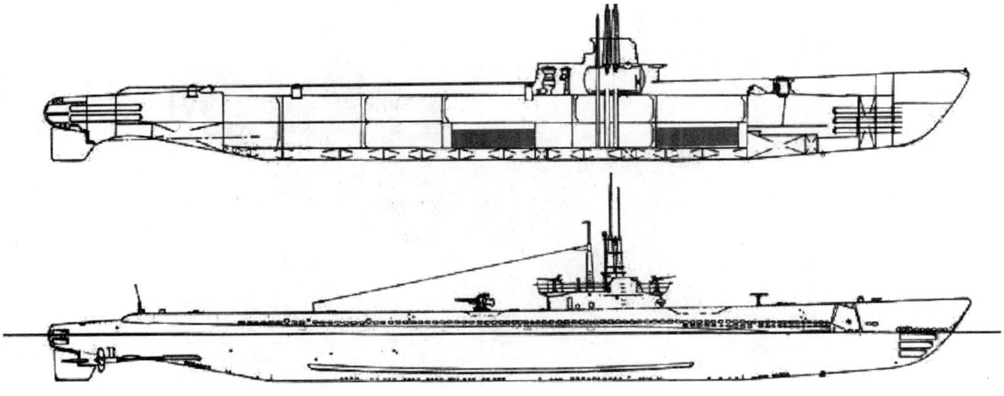

ⓘ“小鲨鱼”级潜艇结构图

## 研制背景

⊕ 水面上行驶的"小鲨鱼"级潜艇

一战中，德国使用潜艇取得了非常不错的战绩，于是在战争结束后，各大军事主力国都开始加大潜艇的研制力度，其中就包括了美国。1940年，"小鲨鱼"级潜艇开始建造，由康涅狄格州通用电船公司、加州梅尔岛海军造船厂、威斯康星州曼尼威托克造船厂和新罕布什尔州朴次茅斯海军造船厂4家造船厂参与量产作业。完工时程为1941年4艘、1942年33艘、1943年36艘。由于战争进程的推进，美国开始进行庞大的扩军计划，于是新研制的"小鲨鱼"级成为战时的标准潜艇。

⊕ 停泊在港口的"小鲨鱼"级潜艇

## 作战性能

最初服役时，“小鲨鱼”级潜艇装有10具533毫米鱼雷发射管（前方6具，后方4具），舰内最多可携24枚鱼雷或40枚水雷。甲板上有1门76.2毫米舰炮（设计了两处炮位，可安装在指挥塔前方或后方），指挥塔上有2挺12.7毫米机枪。和当时所有的传统潜艇一样，“小鲨鱼”级下潜后的续航力和机动力都不佳，高速水下航行很快会将电瓶耗尽。当时的传统潜艇更像是“可潜鱼雷艇”，大部分时间都在水面航行，而且水面航速高于水下航速。

“小鲨鱼’级潜艇正面

## 实战表现

太平洋战争初期，由于珍珠港事件的严重损失，美军太平洋舰队因此没有足够的军舰去阻止日军的凶猛攻势。以“小鲨鱼”级为主的潜艇部队发起了著名的“狼群作战”，狠狠打击日本通往太平洋诸岛的交通线，对日本和德国进行通商破坏，堵塞战略物资运输。此举为太平洋舰队赢得了宝贵的备战时间，得以在此后的中途岛海战、瓜达尔卡纳尔岛战役扭转局势，最终击溃日本联合舰队。

士官在“小鲨鱼”级潜艇上休息

远洋作战的“小鲨鱼”级潜艇

## “白鱼”级潜艇

| 船身长 | 66.9米 | 水下最大航速 | 12节 |
| --- | --- | --- | --- |
| 舷宽 | 8.8米 | 水上最大航速 | 25节 |
| 吃水深度 | 7.6米 | 最大潜深 | 320米 |

“白鱼”级（Barbel Class）是英格斯造船厂在1942～1945年间为美国海军建造的常规动力潜艇（同级共3艘），由“小鲨鱼”级和“青花鱼”级改良而来，是美国在二战中的主力潜艇之一。

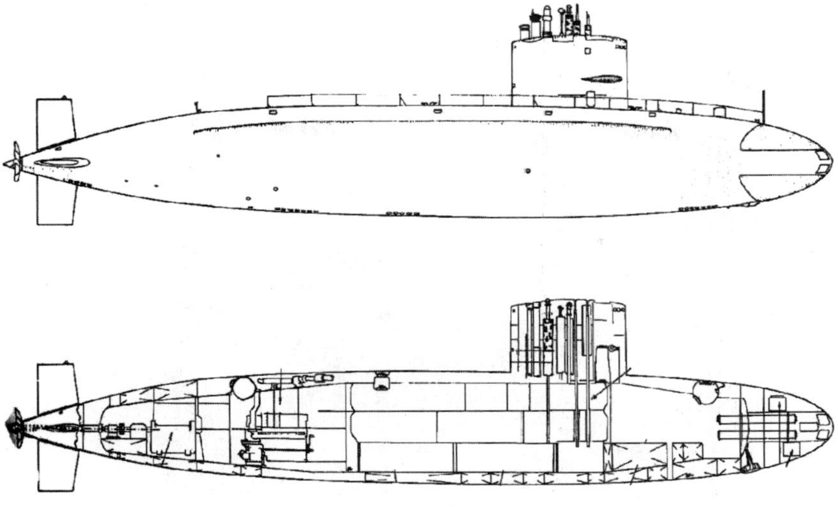

“白鱼”级潜艇结构图

## 研制背景

建造中的“白鱼”级潜艇

由于“小鲨鱼”级潜艇在海战中有着不错的表现，所以美国海军非常看好它，并希望多列装一些。基于此，英格斯造船厂以“小鲨鱼”级潜艇为蓝本，设计出了“白鱼”级潜艇。“白鱼”级作为“小鲨鱼”级的改良型，两者舰上系统很相似。不过，“白鱼”级全艇采用了更先进的HY-80高强化钢材（厚38.1毫米），让船体的最小屈服强度在552牛顿/平方毫米，一般潜航深度为215米，容许的最大潜航深度达320米。此外，“白鱼”级还加大了艇内油柜容量。

㊀“白鱼”级潜艇在水面休整

## 作战性能

“白鱼”级潜艇是世界上最早实际采用泪滴形船体的作战潜艇之一，并率先将航管指挥中心改配置在船体内，不像过去放在指挥塔。该级配备的武器与“小鲨鱼”级完全相同，两者都没有任何火炮射控系统，因此只适合近距离直射接战。1945年，有7艘“白鱼”级改装为“炮艇潜艇”，安装了2门127毫米舰炮（指挥塔前后各1门）和Mk.6计算机。

㊀港口中的“白鱼”级潜艇

㊀下潜中的“白鱼”级潜艇

## 实战表现

“白鱼”级首艇“白鱼”号于1943年2月服役，战时共有111艘同级潜艇加入美国海军。另有20艘在战后才完工［其中有一部分因为战争结束而停造，日后改以GUPPY（超强水下推进动力计划）标准完工服役］。二战中，“白鱼”级曾击沉日本“信浓”航空母舰（由“大和”级战舰改装，比当时世上所有航空母舰都大一倍以上）。此外，日本执行反潜任务的驱逐舰和海防军舰也多数被击沉，而“白鱼”级潜艇仅有10艘被敌军击沉。

上浮中的“白鱼”级潜艇

## “鲩鱼”级潜艇

| 船身长 | 95米 | 水下最大航速 | 8.75节 |
|---|---|---|---|
| 舷宽 | 8.3米 | 水上最大航速 | 20.25节 |
| 吃水深度 | 5.2米 | 最大潜深 | 350米 |

“鲩鱼”级（Tench Class，又音译为“丁鲷”级）是美国海军在二战中设计的最后一级潜艇（同级共29艘），在“小鲨鱼”级和“白鱼”级的基础上改进而来。

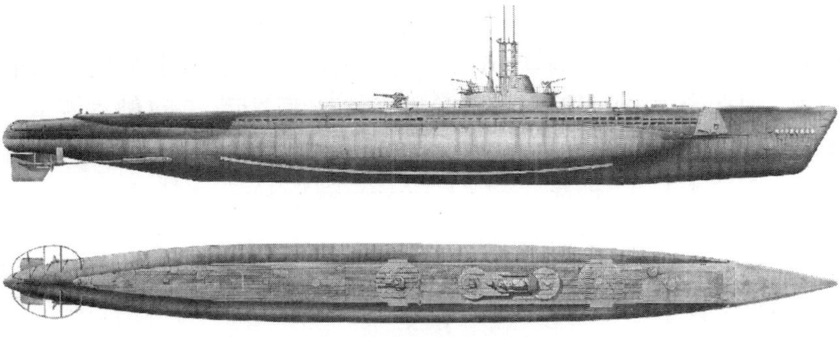

“鲩鱼”级潜艇结构图

## 研制背景

美国海军原计划在1943～1946年间建造144艘“鲵鱼”级潜艇，但有115艘因为战争结束而取消，最后有29艘完工交付美国海军，其中大部分（23艘）是由朴次茅斯海军造船厂承造。

↑水面行驶的“鲵鱼”级潜艇

## 作战性能

“鲵鱼”级是“小鲨鱼”级、“白鱼”级的综合改良版本，与前两者的外形和舰上系统非常相似，不易分辨。不同的是，“鲵鱼”级的内部配置略有改进，压舱水柜设计不同，舰身构造进行了加强，因此，水面航行排水量略有增加。两者的性能数据大致相当，“鲵鱼”级的油柜可容纳118510加仑（448.6立方米）柴油，水面航程略增加至19312千米（航速8.75节）。由于问世时已临近大战末期，“鲵鱼”级的甲板火炮已全部使用127毫米口径舰炮，加上40毫米或20毫米防空机炮，而鱼雷管仍然是前6个后4个的配置。

↑“鲵鱼”级潜艇侧面

## 实战表现

首艇“鲵鱼”号于1944年10月服役，随后有18艘赶在大战结束前加入海军行列，但仅有10艘及时参与战争。大战结束之后，有4艘“鲵鱼”级在停工后改以GUPPY标准改建，因此，最后一艘“长尾鳕”号直至1951年才服役。

# 第5章

# 盘旋太平洋

## ——战机

太平洋战争初期，日本凭借包括航空母舰在内的战舰，以及包括“零”式战斗机在内的舰载机，在航空战上略占上风。不过，之后美国建造了大批量的航空母舰（例如“卡萨布兰卡”级）和其他舰种，并搭载高性能舰载机，成为海战的主角。当然，战争期间，美国也建造了不少廉价、易生产的航空母舰和舰载机，作为“应急”产品投入到反潜护航作战中。下面我们将带您走近二战美军舰载机，一览血火交织的航空战斗。

# 5.1 战斗机

## P-26“玩具枪”战斗机

| 长度 | 7.18米 | 最大起飞重量 | 1524千克 |
|---|---|---|---|
| 翼展 | 8.5米 | 最大速度 | 377千米/小时 |
| 高度 | 3.04米 | 最大航程 | 580千米 |

P-26“玩具枪”（Peashooter）是美国陆军航空队所使用的第一架单翼战斗机，由波音（Boeing）公司设计生产，有多种型号，其中包括P-26A、P-26B和P-26C。

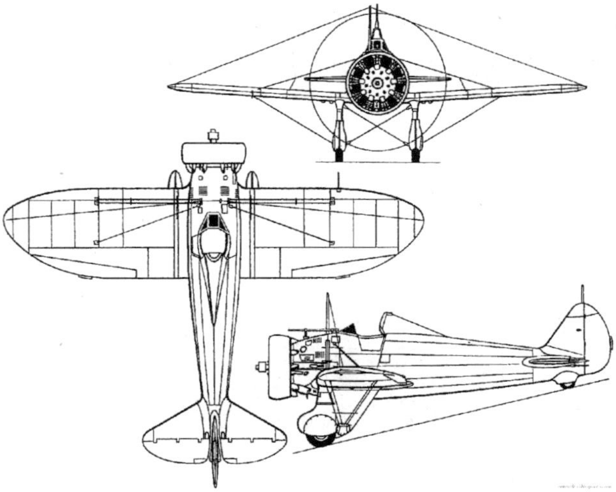

↑P-26“玩具枪”战斗机三视图

## 研制背景

飞行测试中的P-26“玩具枪”战斗机

由于飞机作战力在战争中得到了充分的证明，因此，一战结束后，各国都开始大力发展这一新型空中武器。1931年，为了能提高空中部队的作战能力，美国陆军航空队要求波音公司协助设计一款性能卓越的飞机。之后，围绕军方要求，波音公司推出了一款单翼战斗机——P-26战斗机，其成为美国陆军航空队第一架单翼、全金属结构的战斗机。

## 作战性能

P-26采用单翼，可是在机翼的上下方仍有与机身连接的支撑钢线，以维持机翼的结构与刚性。这样的做法虽然能避免机翼结构在飞行下的扭曲，然而外露的钢线仍会产生多余的阻力，在结构强度不够的情况下算是一种折中的设计。该机机身为全金属半硬壳结构，下方为固定但是包覆流线形整流罩的起落架，座舱为开放式，前方有风挡，瞄准镜安装在风挡前方。

等待任务命令的P-26“玩具枪”战斗机

波音公司生产车间外的P-26“玩具枪”战斗机

## 实战表现

虽然大多数部署于美国境内的P-26在珍珠港事件之前都已经退出第一线，但在其他国家中仍有小批量在使用。菲律宾政府曾采购12架P-26，并击落数架包括“零”式战斗机在内的日本舰载机，但是很快这些战斗机就被数量与性能都占据极大优势的日军击落。

↑P-26“玩具枪”战斗机编队

↑高空飞行的P-26“玩具枪”战斗机群组

# P-35战斗机

| 长度 | 8.18米 | 最大起飞重量 | 3050千克 |
|---|---|---|---|
| 翼展 | 10.97米 | 最大速度 | 499千米/小时 |
| 高度 | 2.97米 | 最大航程 | 1529千米 |

P-35由塞维尔斯基（Seversky）飞机公司设计生产，是美国陆军航空队第一架单座、全金属结构、配备伸缩起落架与全封闭式座舱的战斗机，象征美国军用航空发展的一个新阶段。

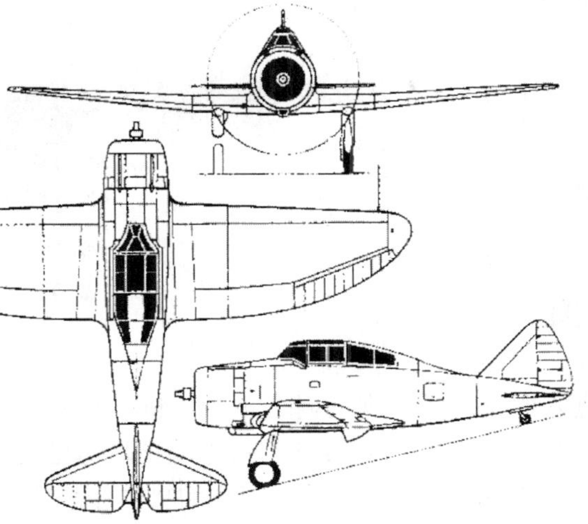

P-35战斗机三视图

## 研制背景

20世纪30年代初期，波音飞机公司生产的P-26战斗机非常不错（就当时而言），军方想再列装一些；同时，美国考虑需要多家飞机公司竞争，以加强本土的工业制造力。基于这两方面的原因，美国将新型战斗机的研发任务交与塞维尔斯基飞机公司和柯蒂斯-莱特（Curtiss Wright）飞机公司。之后，前者胜出，其产品便是P-35战斗机。

装配中的P-35战斗机

测试后正在改进的P-35战斗机

## 作战性能

P-35采用1具功率950马力的普怀R-1830-9“双黄蜂”（Twin Wasp）气冷式发动机。稍后，外销瑞典的改用1050马力功率的R-1830-45发动机。武装是2挺7.62毫米与2挺12.7毫米机枪。

P-35战斗机正面

## 实战表现

P-35进入服役之后显现的问题不少，包括稳定性不足、火力不够、缺乏装甲保护与自封油箱。到了1941年日本攻击珍珠港与菲律宾前夕，P-35已经被视作是落伍的机种，在与攻击菲律宾的日军作战方面表现很差，很快，P-35就退出第一线作战的行列。

高空飞行中的P-35战斗机

P-35战斗机仰视图

# P-36战斗机

| | | | |
|---|---|---|---|
| 长度 | 9.7米 | 最大起飞重量 | 2700千克 |
| 翼展 | 11.4米 | 最大速度 | 480千米/小时 |
| 高度 | 3.7米 | 最大航程 | 1300千米 |

P-36战斗机是由美国柯蒂斯-莱特（Curtiss Wright）飞机公司设计生产的，除了美国空军使用之外，还外销到多个国家，其中包括法国、挪威和荷兰等。

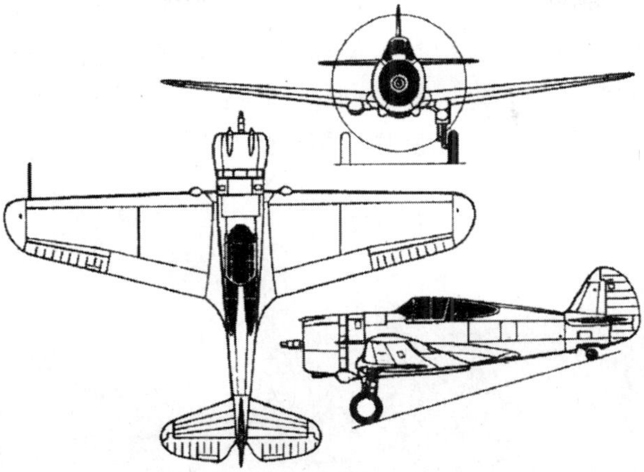

P-36战斗机三视图

## 研制背景

P-36战斗机是塞维尔斯基与柯蒂斯-莱特飞机公司竞争的产物。由于当时塞维尔斯基飞机公司P-35战斗机性能略胜一筹，所以P-36战斗机落选。不过，柯蒂斯-莱特飞机公司并没有放弃这一款战斗机，在经过多次试验和改进之后最终被认可，并被大量采用列装。

P-36战斗机侧面

高空飞行中的P-36战斗机

## 作战性能

P-36采用低单翼、全金属半硬壳设计，起落架位于机翼下方，直接向后收起，但是机轮会旋转90度之后平贴于机翼。机翼外侧结构完全密封，以便迫降水面时提供浮力。尾轮也是可伸缩式，向后收起在机身内部。原型机采用XR-1670-5气冷式发动机，功率900匹马力；量产型P-36A改用R-1830-13，功率1050匹马力，驱动以液压操作的恒速螺旋桨。

基地中的P-36战斗机

## 实战表现

1937年3月，P-36战斗机递交军方进行试飞，参与测试的人员对于新飞机的性能，尤其是其运动性相当欣赏，无论是在各速度范围下操作面的控制与反应，还是稳定性与地面操控性都有很好的评价。但是1941年后，P-36的性能已经被认为落伍，同时逐渐被P-40等新型战斗机取代。珍珠港受到攻击时，一共有39架P-36在夏威夷，其中多数被击毁。

海面上飞行的P-36战斗机

在英国空军服役的P-36战斗机

# P-39“空中眼镜蛇”战斗机

| 长度 | 9.2米 | 最大起飞重量 | 3800千克 |
|---|---|---|---|
| 翼展 | 10.4米 | 最大速度 | 626千米/小时 |
| 高度 | 3.8米 | 最大航程 | 840千米 |

P-39“空中眼镜蛇”（P-39 Airacobra）是一款由美国贝尔飞机公司设计的战斗机，曾活跃在二战期间。

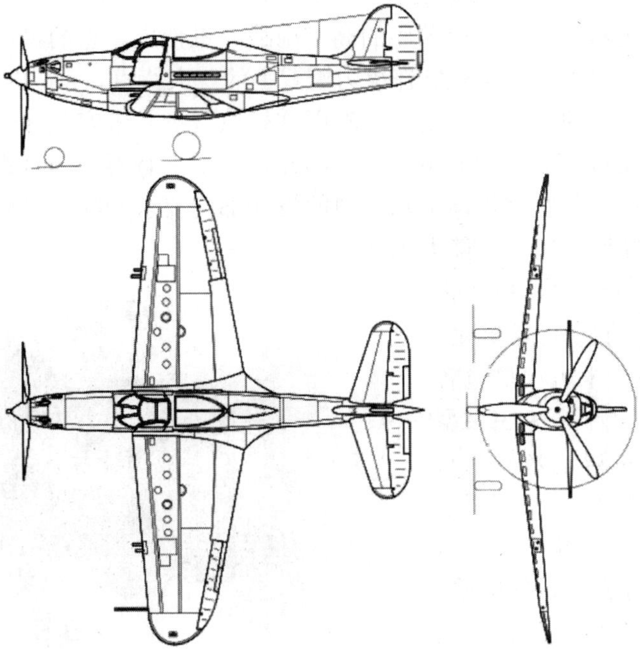

Ⓐ P-39“空中眼镜蛇”三视图

## 研制背景

㊤ 空中飞行的P-39

在喷气发动机出现以前，战斗机通常的布局都是发动机前置，贝尔飞机公司的P-39战斗机是首次采用发动机后置的美国战斗机。虽然之前英国韦斯特兰公司和库尔霍文公司的战斗机也采用过这种布局，但是P-39战斗机是第一种投入大量生产的这样布局的战斗机。

1937年5月18日贝尔飞机公司向美国陆军提交了一份“眼镜蛇”飞机的技术说明书，同年10月7日，军方订购了一架XP-39原型机。第一架XP-39原型机于1938年4月6日首次试飞。

## 作战性能

P-39与其他同一时期的战斗机相比，其设计上最大的差异就是发动机的位置，其他战斗机的发动机通常都是前置，而P-39的发动机后置于机身的中央。P-39的原始设计是规划装载V-1710-17液冷式发动机并搭配通用电气公司的涡轮增压器以作为一架单座的高空用战斗机使用。它的机鼻空间可容纳37毫米大口径机炮，这也是它在火力配置上的一大特点。

P-39原型机的性能相当出色，然而这架原型机并未安装任何武器、装甲和其他量产飞机上需要的航电装备，因此在重量上有不小的差距。随后美国陆军航空队由于某些因素向贝尔公司的设计部门要求删除该机原本配备的涡轮增压器，导致P-39的性能大幅衰退。

㊤ P-39机身细节图

第一款量产的P-39在机鼻安装了一门30毫米机炮、37毫米与50毫米机炮机枪各两挺，这个武装在P-39D型时改为机鼻的37毫米机炮与两挺50毫米机枪，机翼两边各两挺30毫米口径机枪。虽然战机本身存在一定的缺陷，但是火力却很猛，在之后的苏联战争中有着优异表现。

## 实战表现

夜间射击的P-39

二战初期，P-39一度作为美国航空军的主力，曾经进驻瓜岛的亨德森机场，用于和日军作战，但是很快由于性能劣势而退居二线担任训练任务。虽然离开了这一片战场，但美国将大量出厂的P-39运往苏联，在苏联领空下，P-39凭借其先天设计，具备在低空时良好的机动性与坚固装甲，以及1942年时战斗机航炮口径之冠的火力，还有当时苏联战斗机普遍缺乏的无线电设备，让苏联军队得以在实战中与德国空军有效抗衡，因此P-39不仅获得好评无数，也取得了优异的击落纪录，让它在苏联战场找到了另外一片天空。

# P-40“战鹰”战斗机

| 长度 | 9.66米 | 最大起飞重量 | 4000千克 |
|---|---|---|---|
| 翼展 | 11.38米 | 最大速度 | 580千米/小时 |
| 高度 | 3.76米 | 最大航程 | 1100千米 |

P-40“战鹰”（Warhawk）是由美国柯蒂斯-莱特飞机公司设计生产的一款战斗机。在太平洋战争爆发初期，是美国陆军航空军的主力机种。

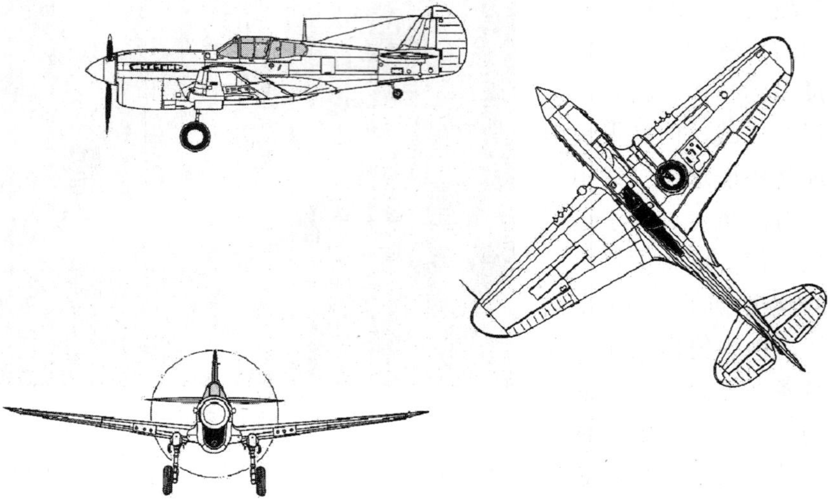

Ⓣ P-40“战鹰”战斗机三视图

## 研制背景

1937年，柯蒂斯-莱特公司推出了P-36战斗机，这种战斗机是二战初期比较成功的战斗机之一。之后，由于P-36战斗机在战场上略显落后，所以美国空军急迫需要新型战斗机的加入。于是，柯蒂斯-莱特飞机公司在P-36的基础上推出了P-40“战鹰”战斗机。这种战斗机在二战期间制造了将近14000架。

Ⓣ 生产车间中的P-40“战鹰”战斗机

⊕ 测试中的P-40“战鹰”战斗机

## 作战性能

⊕ P-40“战鹰”战斗机正面

P-40战斗机的前身P-36乃是同期世界各国战机中最均衡的杰作，但P-40的设计仅是将P-36液冷化，在登场的时间点已属陈旧，本身性能与设计特征并无突出之处。总体来说，P-40仅能在中低空凭借在当时还算突出的火力以及强横结构、适度装甲等取得优势。

## 实战表现

⊕ 飞行员与P-40“战鹰”战斗机

P-40于1941年7月首次进驻北非战场参加战斗任务，英国皇家空军的第112中队是第一个在北非使用P-40的作战中队。该机著名的鲨鱼嘴涂装也是从此中队开始流传，并被美国“飞虎队”继承下去，成为其标识。

⊕P-40“战鹰”战斗机在高空执行任务

⊕飞行中的P-40“战鹰”战斗机编队

## P-43“枪骑兵”战斗机

| | | | |
|---|---|---|---|
| 长度 | 8.7米 | 最大起飞重量 | 3837千克 |
| 翼展 | 11米 | 最大速度 | 573千米/小时 |
| 高度 | 4.3米 | 最大航程 | 1046千米 |

P-43“枪骑兵”（Lancer）战斗机是美国共和飞机公司（Republic，前身是塞维尔斯基飞机公司）设计生产的，可作侦察机使用，是太平洋战争初期美国唯一一款能与日本同类机种抗衡的型号。

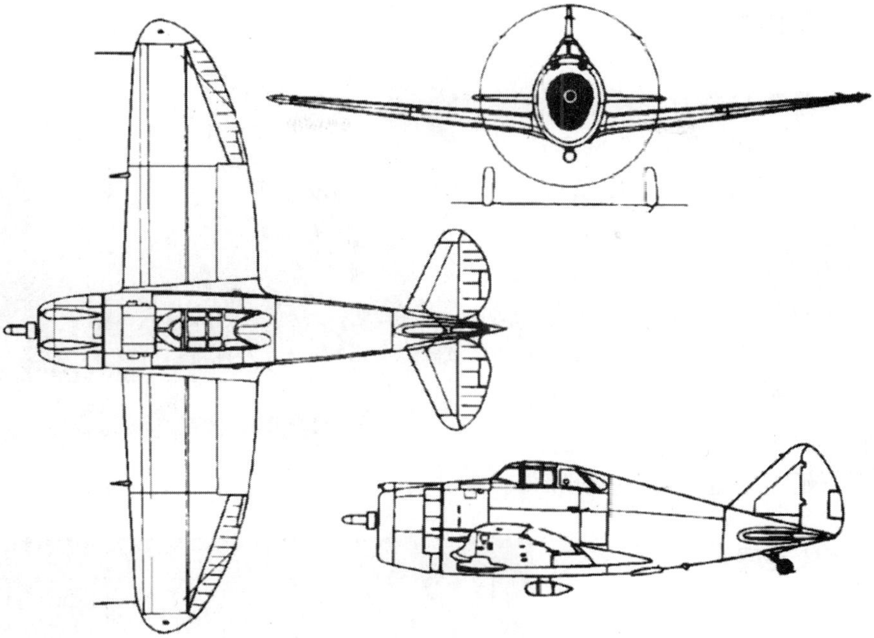

P-43“枪骑兵”战斗机三视图

## 研制背景

1939年，由于各方面原因，塞维尔斯基飞机公司融入了大量资金和人力资源，并重新更名为共和飞机公司。在新力量的带动下，共和飞机公司开始重新为美国空军打造新式战斗机。20世纪40年代初期，鉴于P-35战斗机日渐乏力，为挽救它，共和飞机公司决定对其大规模改进，最终形成了P-43“枪骑兵”战斗机。它为P-35战斗机后续机种，改善了P-35稳定性不足、火力不够的缺点，并加强发动机动力。

装配中的P-43“枪骑兵”战斗机

P-43“枪骑兵”战斗机战斗群

## 作战性能

原型P-43具有完全收放的起落架，使用PW R-1830-SC2G发动机。然而在1939年3月22日，其发动机在飞行试验中失火，飞行员不得不放弃。之后，共和飞机公司给P-43换装了PW涡轮增压发动机，并定名为YP-43。不同于原型P-43的外观，YP-43有着剃刀般延伸背部的机身，而发动机进气口被从翼下延伸，造成独特的卵形罩。

⊙ P-43“枪骑兵”战斗机正面

## 实战表现

P-43整体战斗表现差强人意，存在不少缺陷，如缺乏保护装甲、自封油箱、涡轮增压器故障率过高、机翼油箱渗漏等，故后来由其他机种取代，退为二线用于训练。美国陆军航空队将其中一部分改装成为侦察机，并提供给皇家澳洲空军使用。

⊙ 飞行编队中的P-43“枪骑兵”战斗机（最下）

⊙ 一架坠毁的P-43“枪骑兵”战斗机

# P-47“雷霆”战斗机

| 长度 | 11.02米 | 最大起飞重量 | 8800千克 |
|---|---|---|---|
| 翼展 | 12.44米 | 最大速度 | 689千米/小时 |
| 高度 | 4.44米 | 最大航程 | 2736千米 |

P-47“雷霆”（Thunderbolt）战斗机是由美国共和飞机公司设计生产的，是二战中后期美军的主力战斗机之一，也是当时最大型的单发动机战斗机。

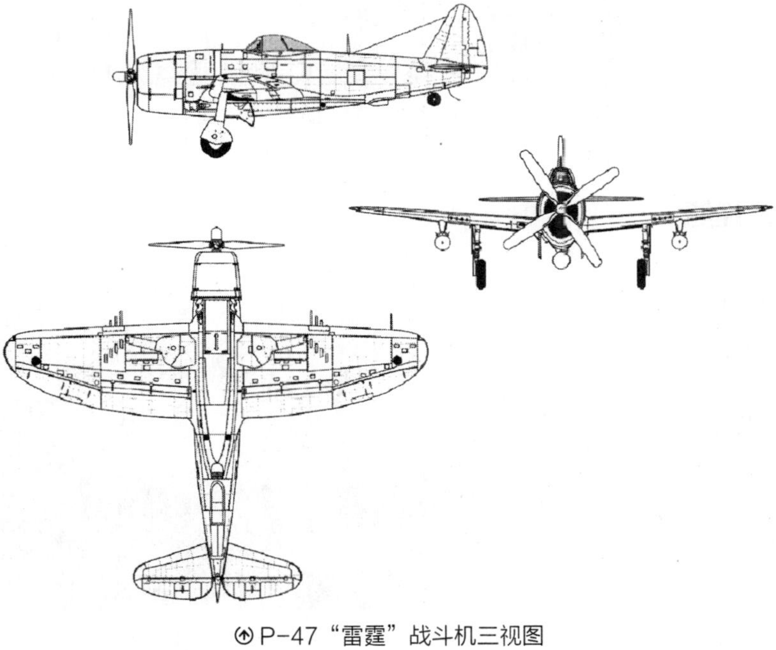

⬆ P-47“雷霆”战斗机三视图

## 研制背景

基地中的P-47“雷霆”战斗机

P-43“枪骑兵”战斗机服役后不久，由于本身性能存在一些缺陷，加上德国、日本等轴心国的同类武器略占优势，所以美国急迫需要新型战斗机加入战斗。另一方面，共和飞机公司也因P-43“枪骑兵”战斗机的“劣质”而“尴尬”，为挽回面子，其决定打造一款大马力、重火力以及厚装甲的战斗机。基于上述两方面的原因，共和飞机公司最终于太平洋战争中期推出了P-47“雷霆”战斗机。

执行任务中的P-47“雷霆”战斗机

## 作战性能

P-47“雷霆”战斗机

P-47的设计理念是马力大、火力强、装甲厚，为此，它装上了功率达到2000马力的普惠R-2800双黄蜂发动机，这令其有充沛的动力；发动机排气还会带动在机身上的涡轮增压器，以保证即使在高空发动机仍拥有巨大输出。P-47采用S-3高速翼，翼型是椭圆形，机翼前方有液压操作的开缝式小翼，机翼后方电动襟翼以帮助从俯冲中拉起。该机在俯冲中能达到极快的速度，且强韧的结构也能保证机身不解体，这令它擅长采取高速俯冲的战术。

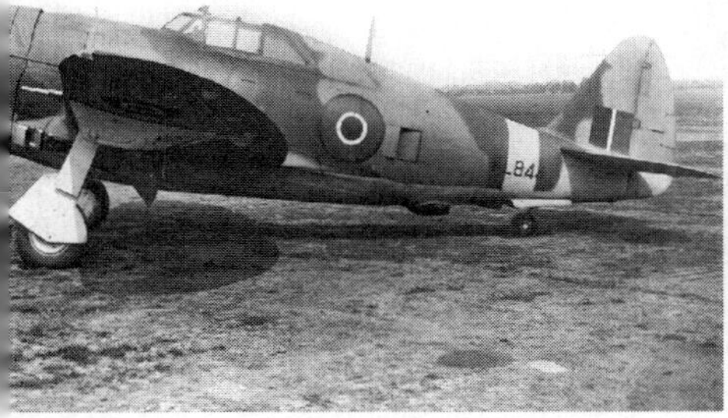

在英军服役的P-47“雷霆”战斗机

P-47“雷霆”战斗机飞行编队

## 实战表现

1942年9月，P-47被派往西北欧战场，第一个装备该机的部队为第56战斗机大队。1943年6月，P-47也配备于驻新几内亚的第348战斗机大队，用于太平洋对日作战，该大队也取得相当亮眼的战绩。1945年初，美国海军陆战队攻下硫磺岛后，加长航程的P-47N也用于对日本本土的大轰炸，担任为B-29轰炸机的护航任务。除了空战之外，P-47也因为其强大马力的发动机而有高载弹量，故也经常挂上炸弹和火箭弹执行对地或对舰攻击任务。

P-47“雷霆”战斗机在夜间作战

# P-51“野马”战斗机

| | | | |
|---|---|---|---|
| 长度 | 9.83米 | 最大起飞重量 | 5262千克 |
| 翼展 | 11.29米 | 最大速度 | 703千米/小时 |
| 高度 | 4.08米 | 最大航程 | 2155千米 |

P-51“野马”（Mustang）是北美航空（North American）公司设计生产的一款战斗机，是美国陆军航空队在二战期间最有名的战斗机之一，有多种型号，其中包括P-51B、P-51C和P-51D等。

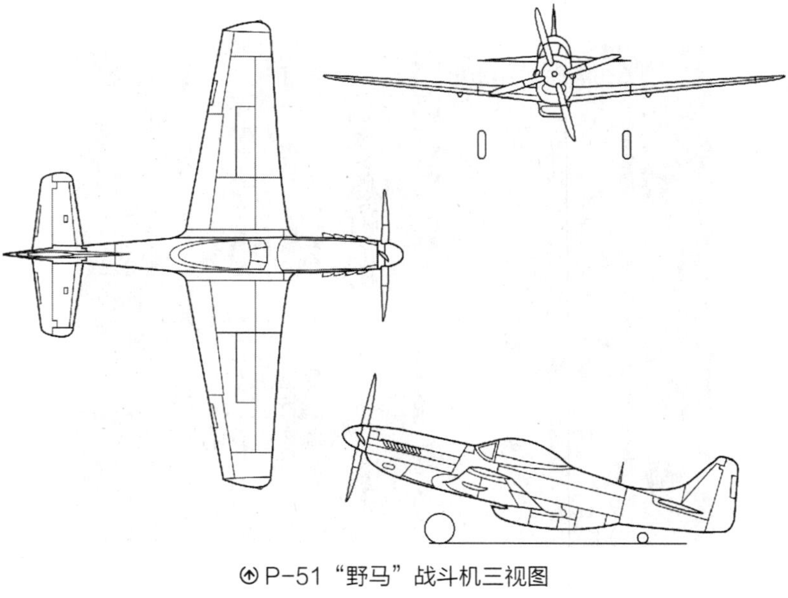

P-51“野马”战斗机三视图

## 研制背景

航空母舰上的P-51“野马”战斗机

二战初期，英国除了使用本土飞机之外，也购买其他国家性能优越的飞机。1940年，英国原本打算购买美国柯蒂斯-莱特飞机公司的P-40“战鹰”战斗机，但是该公司生产任务繁重，无法为英国生产飞机，于是英国要求美国北美航空公司来生产。然而，在北美航空公司得到这个通知后，认为P-40太落后了，不愿生产，并向英国承诺自己能设计更好的飞机。之后，北美航空公司拿出的产品就是P-51“野马”战斗机。

执行战斗任务的P-51“野马”战斗机

## 作战性能

Ⓘ P-51“野马”战斗机侧面

P-51整体布局没有特别之处，但它将航空新技术完美地结合于一身，采用先进的层流翼型，高度简洁的机身设计，合理的机内设备布局，这使它的气动阻力大大下降，并且在尺寸和重量与同类飞机相当的情况下，载油量增加了3倍。

Ⓘ 停放在飞机场的P-51“野马”战斗机

## 实战表现

Ⓘ 水洼地上的P-51“野马”战斗机

二战中期，英国订购了大量P-51战斗机，并将其带入战场，得到了实战验证，被英国飞行员评为最出色的战斗机。得知这一消息后，美军也开始大量订购P-51。该机杰出的性能和易于驾驶的特点，使英美官员认识到它进行改进的潜力。1942年，北美航空公司和英国劳斯莱斯公司合作，将P-51的发动机改换成劳斯莱斯公司的“梅林”发动机。经过这项杂交，P-51战斗机的性能得到很大提高。在二战后期，P-51曾获得“最优秀战斗机”之名。

准备战斗的P-51“野马”战斗机

## P-61“黑寡妇”战斗机

| 长度 | 14.9米 | 最大起飞重量 | 14700千克 |
| --- | --- | --- | --- |
| 翼展 | 20.2米 | 最大速度 | 589千米/小时 |
| 高度 | 4.47米 | 最大航程 | 3060千米 |

P-61“黑寡妇”（Black Widow）是世界上第一种实用的夜间战斗机，也是美国陆军航空队在二战时期起飞重量最大的战斗机。该机最先利用雷达进行导航，可在夜间进行空中格斗。

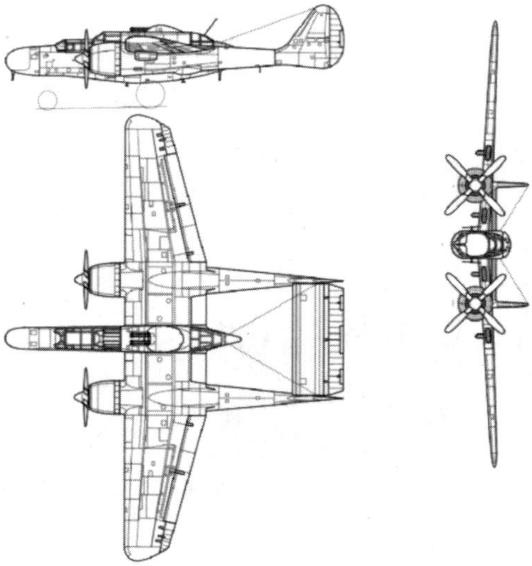

⊙ P-61“黑寡妇”战斗机三视图

## 研制背景

⊙ 生产车间中的P-61“黑寡妇”战斗机

20世纪40年代初期，英国采购委员会向美国的飞机制造公司提出需要一种高空、高速、装有雷达、可在空中进行8小时长时间巡逻、并可在炮塔内装入任何英国指定武装的重型战斗机，以防卫德国轰炸机在夜间对伦敦进行攻击。多家公司经过一段时间的苦苦钻研，最终设计出了P-61“黑寡妇”战斗机。由于设计复杂且计划耗费相当长的时间，当P-61在1944年进入太平洋战区服役之时，盟军在欧洲和太平洋战场都已经取得制空权，使得P-61没有太多发挥的余地。

工人在室外装配P-61“黑寡妇”战斗机

## 作战性能

作为美国第一种为夜间作战设计的战斗机，P-61的大小接近中型轰炸机，装有2台2000马力的普拉特-惠特尼R-2800-10“黄蜂”发动机，双方向舵装在尾部支撑桁架上，起落架为前三点式。中央机舱有机头雷达、驾驶舱（驾驶舱内还有1个坐在飞行员后上方的雷达员）和末端的射击员舱。可伸缩的副翼使襟翼有可能延伸至机翼后线的全长。P-61是世界上第一种用玻璃钢作雷达罩的飞机，也是世界上第一架乘员为3人的重型战斗机。

机场中的P-61“黑寡妇”战斗机

P-61“黑寡妇”战斗机高空飞行

## 实战表现

P-61正式生产后，很快装备了部队。从1943年1月至1944年6月，美军先后组建了15个P-61夜战中队，并相继被派往各个战区。尽管P-61问世较晚，但取得了很好的战果。在欧洲战区，德国后期投入使用的战斗机共计被P-61击落237架。美国陆军航空队的P-61在欧洲战区夜间作战中，损失率仅为0.7%。在大战的最后一年，P-61成为美国陆军航空队的标准夜间战斗机，经常独自出动去伏击各个敌方袭击者。

⬆P-61“黑寡妇”战斗机战斗编队

⬆P-61“黑寡妇”战斗机起飞的瞬间

# F2A“水牛”战斗机

| | | | |
|---|---|---|---|
| 长度 | 8.03米 | 最大起飞重量 | 3247千克 |
| 翼展 | 10.67米 | 最大速度 | 517千米/小时 |
| 高度 | 3.66米 | 最大航程 | 1553千米 |

F2A“水牛”（Buffalo）战斗机是太平洋战争爆发前美军装备的主力舰载机之一，也是美国海军第一种实用的单翼可收放起落架的舰载战斗机。

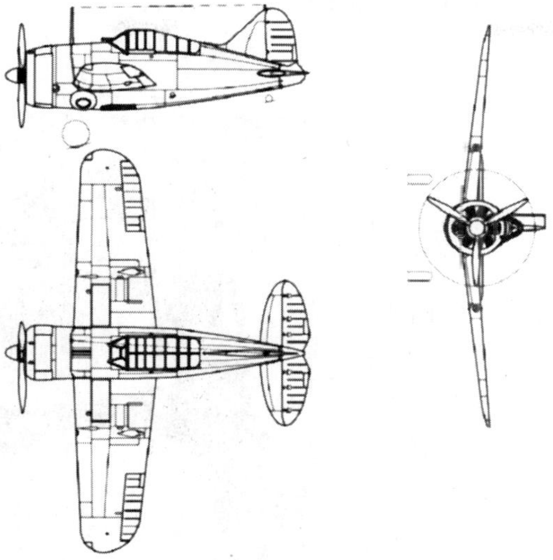

⊕F2A“水牛”战斗机三视图

## 研制背景

⊕原型F2A“水牛”战斗机试飞

⊕生产车间里的F2A“水牛”战斗机

20世纪30年代，美国海军想壮大海上作战力，于是开始寻求一种适合舰载的战斗机。随后，包括格鲁曼航空航天公司（Grumman Aerospace Corporation）和布鲁斯特航空工业公司（Brewster Aeronautical Corporation）在内的几家美国飞机制造商各自提交了自己新型飞机的原型机，格鲁曼航空航天公司的为

XF4F-1，而布鲁斯特航空工业公司的为XF2A-1（X表示试验品，正式定型后才更名F2A）。在测试后，前者的性能略逊于后者，所以美国当时没有采用格鲁曼航空航天公司的XF4F-1，而采用了XF2A-1。

## 作战性能

F2A“水牛”战斗机采用的是中单翼设计，机身呈圆桶状，结构为全金属半硬壳设计，只有控制面是以布面蒙皮构成，可伸缩起落架收起时缩入机身两侧，并位于机翼前方的位置。其动力装置为莱特公司R-1820-22气冷式发动机与一级机械增压器，机身上装有4挺12.7毫米航空机枪，另外可以在机翼下携带2枚45千克的炸弹。

⇧停放在美军某陆地机场上的F2A“水牛”战斗机

⇧F2A“水牛”战斗机编队

## 实战表现

第一架F2A“水牛”原型机于1937年12月试飞，军方的操作测试于1938年1月展开。同年6月，美国海军正式提出第一份54架F2A“水牛”的订单。隔年6月，量产型出厂，并进入美国海军“萨拉托加”号（Saratoga）航空母舰服役。不过，到了1941年，F2A“水牛”的性能已经落后，被日本的零式战斗机击败。

坠毁在航空母舰甲板上的F2A“水牛”战斗机

准备从航空母舰上起飞的F2A“水牛”战斗机

## F4F“野猫”战斗机

| 长度 | 8.76米 | 最大起飞重量 | 3604千克 |
|---|---|---|---|
| 翼展 | 11.58米 | 最大速度 | 515千米/小时 |
| 高度 | 2.81米 | 最大航程 | 1337千米 |

F4F“野猫”（Wild Cat）战斗机是美国格鲁曼航空航天公司设计的一款舰载机，在二战爆发之际是美军最主要的舰载战斗机之一。

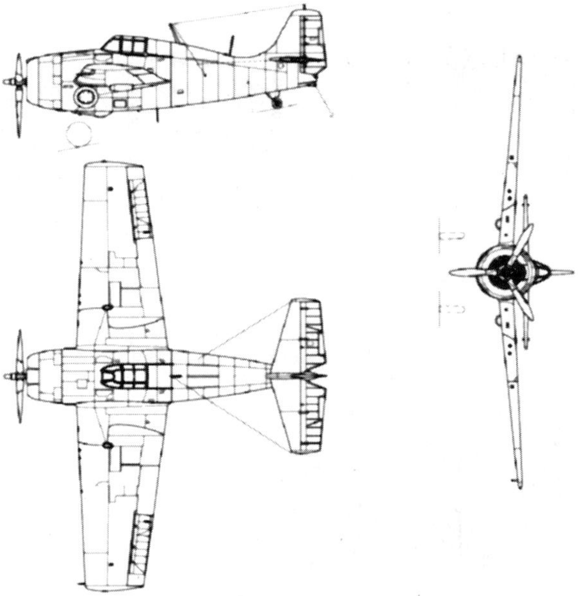

F4F“野猫”战斗机三视图

## 研制背景

在格鲁曼航空航天公司的XF4F-1战斗机和布鲁斯特航空工业公司的XF2A-1战斗机同台竞技之后，虽然前者在当时落榜，但该公司并没有放弃这一款战斗机。之后，格鲁曼航空航天公司对XF4F-1进行了一系列改进，例如加强防护、增大火力等之后，再次交与军方测试。这次测试的结果还算差强人意，而且美国海军当时也急需大量战斗机，光凭XF2A-1战斗机（即F2A“水牛”战斗机）并不能满足其需求量，所以最终还是采用了改进后的XF4F-1战斗机，并更名为F4F“野猫”战斗机。

F4F“野猫”战斗机原型机XF4F-1

F4F“野猫”战斗机试飞

## 作战性能

F4F“野猫”战斗机为全金属半硬壳，应力蒙皮以铆钉接合。中单翼内有2条主梁，方形翼端，翼剖面采用NACA 23015系列。起落架以人力操作的方式收起于机身两侧，机翼前缘的下方，尾轮为固定式，不可伸缩。飞行员座舱为密闭式，位于机翼的中央，在机翼下方两侧各有1个观测窗。

⊙ F4F“野猫”战斗机俯视图

⊙ 敌军航空母舰上方的F4F“野猫”战斗机

## 实战表现

F4F“野猫”战斗机第一次崭露头角是在日本攻击威克岛的行动中。当时，担任防卫的美国海军陆战队VMF-211中队在面对高性能零式战斗机的威胁下，凭借F4F“野猫”，不仅击落日本企图轰炸威克岛的轰炸机，还将“如月”号（Kisaragi）驱逐舰击沉，迫使日军终止攻击并撤退。由于同期服役的F2A“水牛”完全无法对抗日军战机，F4F“野猫”成为1942 ~ 1943年美国海军最主要的空战力量。与同时期的日本海军零式舰上战斗机相比，

⊙ 航空母舰上的F4F“野猫”战斗机

⊙ 坠毁的F4F“野猫”战斗机

F4F“野猫”在回转半径、低速性能上占下风，但它却有着结构强韧、火力强大、俯冲性能较佳等优势。

## F4U“海盗”战斗机

| 长度 | 10.2米 | 最大起飞重量 | 4073千克 |
|---|---|---|---|
| 翼展 | 12.5米 | 最大速度 | 717千米/小时 |
| 高度 | 4.5米 | 最大航程 | 1617千米 |

F4U“海盗”（Corsair）战斗机是美国西科斯基飞机公司（Sikorsky Aircraft Corporation）设计的一款舰载机。在太平洋战场上，它与F6F“地狱猫”一并成为美国海军主力，成为日本战斗机的强劲对手。

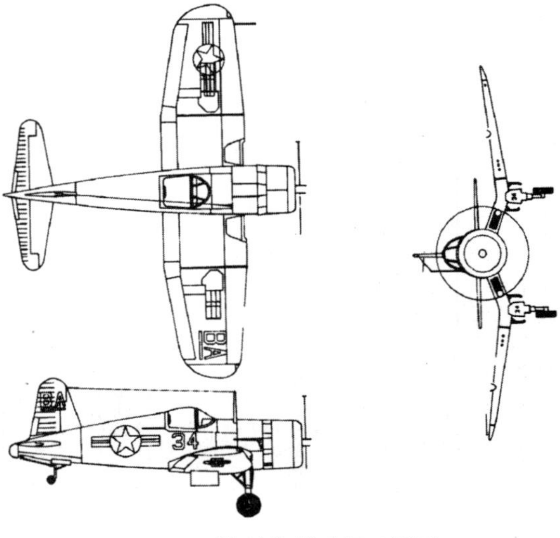

↑ F4U“海盗”战斗机三视图

## 研制背景

20世纪30年代中期，虽然美国海军已经装备了F4F“野猫”战斗机和F2A“水牛”战斗机，但这两者的性能在当时并不算是最好的，德国当时已经研制出了几款性能超越这两者的战斗机，致使美军寻求高性能战斗机的欲望更加强烈。1938年，美军发出了新型战斗机的招标信息，得知此消息后，美国西科斯基飞机公司按照要求设计出了军方满意的战斗机，即F4U“海盗”战斗机。

机库中的F4U“海盗”战斗机

航空母舰甲板上的F4U“海盗”战斗机

## 作战性能

折叠机翼后的F4U“海盗”战斗机

F4U“海盗”战斗机机翼下的火箭弹

F4U“海盗”战斗机在数方面都与当时的飞机有很大差别。首先，其机翼采用了倒海鸥翼的布局；其次，它采用了当时动力最大的活塞发动机——普惠公司R-2800，功率达到2000马力，而同时期的军机多数的引擎只有1000马力。另外，由于机翼的曲位过低，限制了飞行员的判断，使飞行员在降落时若操作不当（例如打开战机起落架的时间有误），很容易发生意外。

## 实战表现

F4U“海盗”战斗机编队

1942年，F4U“海盗”开始正式进入美国海军服役。美国海军原计划为飞行中队VF-17装备F4U“海盗”，可是中途却因为维护零件不足，以及它在航空母舰起降时出现若干技术问题而被迫放弃，改为配置在所罗门群岛战区。此后，F4U“海盗”便陆续转战南太平洋、菲律宾、冲绳岛等地。

坠毁在航空母舰甲板上的F4U“海盗”战斗机

# F6F“地狱猫”战斗机

| 长度 | 10.24米 | 最大起飞重量 | 6990千克 |
|---|---|---|---|
| 翼展 | 13.06米 | 最大速度 | 621千米/小时 |
| 高度 | 3.99米 | 最大航程 | 1520千米 |

F6F“地狱猫”（Hellcat）战斗机是格鲁曼航空航天公司设计的一款舰载机。二战期间，凭着优秀性能逐渐取代了F4F“野猫”战斗机，成为美军的主力舰载机。

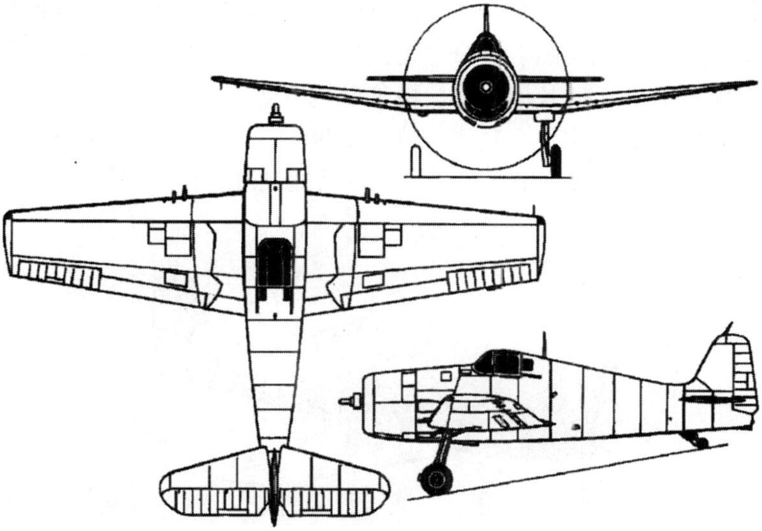

F6F“地狱猫”战斗机三视图

## 研制背景

F4F“野猫”战斗机虽然被美国海军采用，但其性能毕竟是“差强人意”的，所以，格鲁曼航空航天公司并没有一直停留在这一款战斗机上，而是研发后续机种。1941年，日本偷袭珍珠港后，格鲁曼航空航天公司进一步加快了研制新型机种的步伐，而其成果便是F6F“地狱猫”战斗机。比起旧式F4F“野猫”战斗机，F6F“地狱猫”更为先进，但外观上除了机体更大以外，却所差无几，故此也被戏称为“野猫的大哥”（Wildcat’s big brother）。

航空母舰甲板上的F6F“地狱猫”战斗机

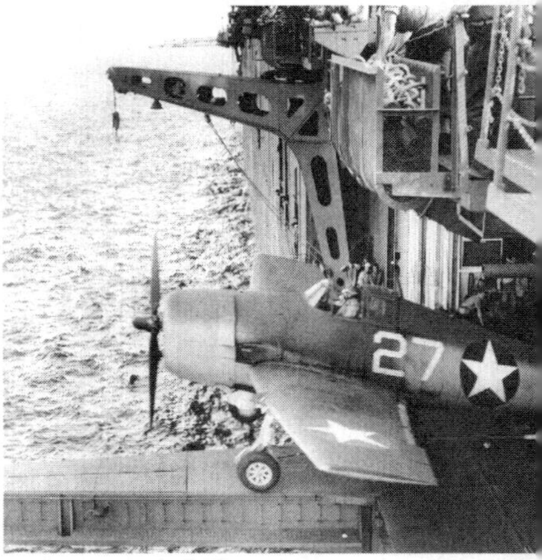


准备飞行测试的F6F“地狱猫”战

## 作战性能

与F4F“野猫”战斗机相同的是，F6F“地狱猫”的设计特点也是方便生产，以及保持强稳机体结构。F6F“地狱猫”原本采用柯蒂斯-莱特飞机公司的R-2600引擎，但为了提升战斗力，格鲁曼航空航天公司为其装上了普惠公司的普惠R-2800双黄蜂引擎，功率提升到2000马力，整体动力提升了25%，而且该发动机任一气缸被击中后，仍可通过其他气缸运作，保持飞行。

F6F“地狱猫”战斗机侧面

F6F“地狱猫”战斗机仰视图

## 实战表现

1943年9月，F6F“地狱猫”首次出战，由“独立”号航空母舰起飞，击落了日军1艘二式大艇（日本海军于二战中实月化的大型水上飞艇）。同年11月11日，F6F“地狱猫”与F4U“海盗”的混合编队在拉包尔上空与日本战斗机队进行了猛烈战斗，击落了近50架敌机。11月23日，F6F“地狱猫”又在塔拉瓦环礁上空击落了30架零式战斗机，而本身仅损失1架。

掠过航空母舰上空的F6F“地狱猫”战斗机

待命中的F6F“地狱猫”战斗机

# 5.2 轰炸机/运输机

## B-17“空中堡垒”轰炸机

| | | | |
|---|---|---|---|
| 长度 | 22.66米 | 最大起飞重量 | 29710千克 |
| 翼展 | 31.62米 | 最大速度 | 462千米/小时 |
| 高度 | 5.82米 | 最大航程 | 3219千米 |

B-17“空中堡垒”（Flying Fortress）是美国波音飞机于20世纪30年代为美国陆军航空队所研发的四发动机重型轰炸机，是二战初期美军的主要轰炸机。

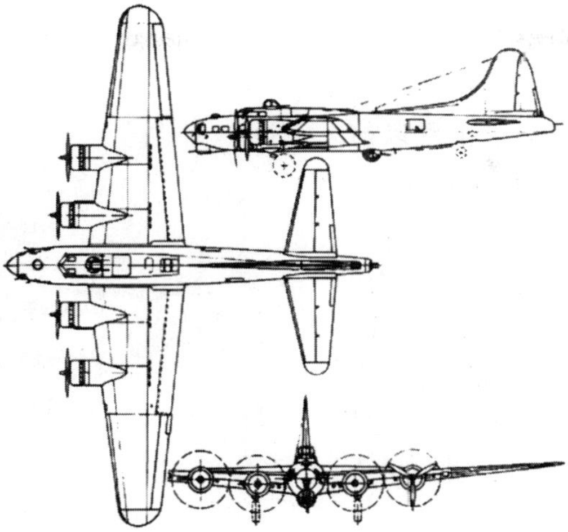

B-17“空中堡垒”轰炸机三视图

## 研制背景

出厂等待测试的B-17“空中堡垒”轰炸机

B-17“空中堡垒”轰炸机编队

20世纪30年代初期，美国陆军航空队为了能实现超远距离飞行，并实施大威力轰炸目标，提出了新型轰炸机的设计要求，其主要内容是：该飞机能携带2000千克以上的炸弹，能以350千米的时速飞行等。之后，美国波音飞机公司和洛克希德·马丁飞机公司（Lockheed Martin）分别提交了自己的初步设计。不过后者因各方面的原因，被踢出局，最终由波音飞机公司设计了B-17“空中堡垒”轰炸机。

## 作战性能

在长距离护航战机出现以前，B-17“空中堡垒”轰炸机仅仅依赖所装备的M2重机枪进行自我防卫。之后，波音飞机针对这一局面不断地改良B-17，增加其防卫火力及装甲，致使它拥有的重机枪数目达13挺，看似火力异常地强大，但无形之中增加了飞机本身的重量，因此，它没有很好的机动性。

远程飞行中的B-17“空中堡垒”轰炸机

B-17“空中堡垒”轰炸机与一般战斗机大小对比

## 实战表现

1941年，B-17“空中堡垒”轰炸机开始出现在二战上空。在欧洲，英国皇家空军操作B-17对敌方目标进行日间轰炸任务，但其初期的表现却不是十分理想。在太平洋，美国陆军也使用B-17在菲律宾对抗日本的进袭。二战结束之后，B-17很快地退出现役轰炸机的行

高空飞行的B-17“空中堡垒”轰炸机编队

列。大多数自欧洲返回的B-17都被出售，面临解体或是熔解的命运；少量幸运地被留下来的则大多转做行政专机、海上搜救与空中侦察之用。

↑B-17“空中堡垒”轰炸机编队与飞行员合影

## B-24“解放者”轰炸机

| | | | |
|---|---|---|---|
| 长度 | 20.6米 | 最大起飞重量 | 29500千克 |
| 翼展 | 33.5米 | 最大速度 | 488千米/小时 |
| 高度 | 5.5米 | 最大航程 | 3300千米 |

B-24“解放者”(Liberator)是由团结飞机公司(Consolidated Aircraft)于二战时期研制的一款轰炸机，是当时美军生产得最多、使用得最多的轰炸机。

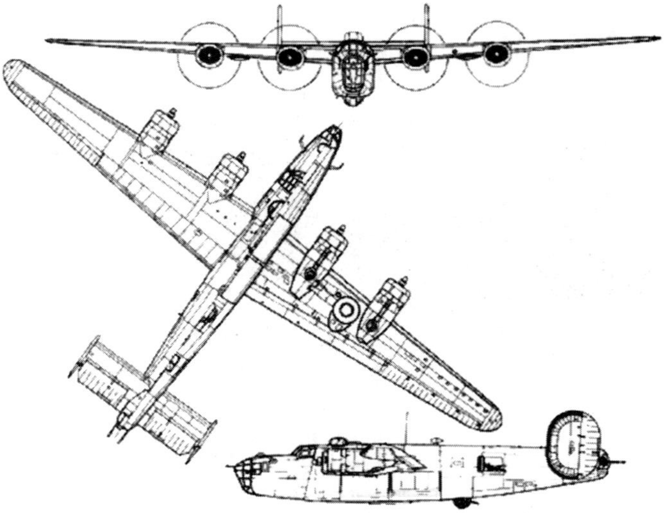

B-24“解放者”轰炸机三视图

## 研制背景

自B-17“空中堡垒”轰炸机在美国陆军航空队服役后，不论是其载重量，还是飞行高度、速度，都引起了不小的轰动，致使美国多家飞机公司开始朝着这个方向发展新型飞机，其中就包括团结飞机公司。二战爆发后，美军开始“征召”新型轰炸机，而团结飞机公司欲打进美军市场，所以着重开始研发类似B-17的轰炸机，并最终于1939年12月推出了B-24“解放者”轰炸机。

准备降落地面的B-24“解放者”轰炸机

高空飞行中的B-24“解放者”轰炸

## 作战性能

Ⓐ B-24“解放者”轰炸机俯视图

B-24“解放者”轰炸机采用大展弦比梯形悬臂上单翼，机翼上装有4台气冷R1830型活塞发动机，单台功率883千瓦。该飞机有一个实用性超强的粗壮机身，上下、前后、左右均设有自卫枪械，构成一个强大的火力网。机头有1个透明投弹瞄准舱，其后为多人制驾驶舱，再后便是1个容量很大的炸弹舱，可挂各种炸弹。

Ⓐ B-24“解放者”轰炸机侧面

## 实战表现

Ⓐ 战斗中的B-24“解放者”轰炸机

B-24“解放者”轰炸机于1941年交付使用，主要用于欧洲战场，共生产18181架。海军中使用的型号是PB4Y。B-24航程远，在整个战争期间都可以看到它的身影，它有极易辨别的机身和双垂尾翼。B-24和B-17一起成为对德国进行大规模战略轰炸的主力。该机曾参与了对汉堡、柏林、法兰克福、鲁尔等重要地区的轰炸战役。

↑ 一架坠毁的B-24“解放者”轰炸机

## B-25“米歇尔”轰炸机

| | | | |
|---|---|---|---|
| 长度 | 16.13米 | 最大起飞重量 | 15910千克 |
| 翼展 | 20.6米 | 最大速度 | 438千米/小时 |
| 高度 | 4.98米 | 最大航程 | 2174千米 |

B-25“米歇尔”是美国北美航空公司于二战期间设计的一款轰炸机，以“米歇尔”命名是为了纪念一战中美国指挥官威廉·米歇尔（William Mitchell）。

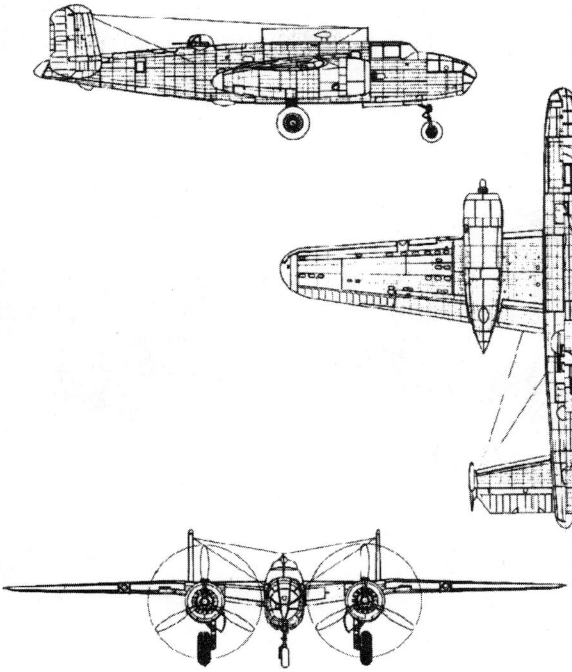

Ⓐ B-25“米歇尔”轰炸机三视图

## 研制背景

Ⓐ B-25“米歇尔”轰炸机与飞行员合影

一战结束后，美国北美航空公司就在研制各种用途的军用飞机。20世纪30年代末期，该公司开始研发一个代号为NA-40-1的新型轰炸机。恰巧此时美国陆军航空队开始招标新型轰炸机，于是北美航空公司对NA-40-1做了重大改进，以满足军方要求。改进后的新型轰炸机，美军给予正式编号B-25。

↑B-25“米歇尔”轰炸机掠过美军海上军舰

↑B-25“米歇尔”轰炸机俯视图

## 作战性能

B-25“米歇尔”轰炸机在太平洋战争中有许多出色表现，例如，它参与使用了类似鱼雷攻击的“跳跃”投弹技术，即飞机在低高度将炸弹投放到水面上，而后炸弹在水面上跳跃着飞向敌舰，这提高了投弹的命中率，并且经常炸弹在敌舰吃水线以下爆炸，杀伤力增大。

↑高空飞行中的B-25“米歇尔”轰炸机

## 实战表现

B-25“米歇尔”轰炸机编队

1942年年初，因受到准备充足的日本舰队攻击，美军在太平洋战场上节节失利。为了鼓舞士气，美国时任总统罗斯福要求尽快组织对日本的反攻，而最直接、有效的方法就是直接空袭日本本土。但当时美国海军舰队所装备的舰载机，不能胜任远距离轰炸任务，因此，这一任务交给了B-25“米歇尔”。之后，美国海军的“大黄蜂”号航空母舰搭载陆军航空队的16架B-25“米歇尔”空袭日本本土。在美国战争史中，这是唯一一次美国陆军航空队的轰炸机在海军航空母舰起飞执行的战斗任务。

二战期间从“大黄蜂”号航空母舰上起飞的B-25“米歇尔”轰炸机

# B-26“劫掠者”轰炸机

| | | | |
|---|---|---|---|
| 长度 | 17.8米 | 最大起飞重量 | 17000千克 |
| 翼展 | 21.65米 | 最大速度 | 460千米/小时 |
| 高度 | 6.55米 | 最大航程 | 4590千米 |

B-26“劫掠者”轰炸机是二战期间由格伦·L·马丁公司为美国陆军航空兵研发的双发中型轰炸机。

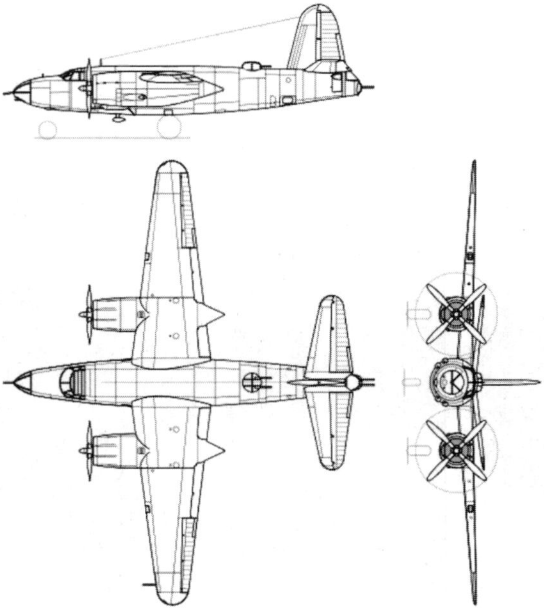

↑ B-26“劫掠者”三视图

## 研制背景

1939年3月，美国陆军航空兵颁布39-640号需求书，征求一款双发中型轰炸机，同年7月5日，马丁公司提交了由设计师佩顿·M·麦格鲁德牵头设计的179方案，并顺利赢得201架飞机的订单，军方编号B-26，整个B-26从立案到实用化耗时仅不到两年。

飞行中的B-26

## 作战性能

B-26是一款上单翼、半硬壳结构的轰炸机，采用前三点式起落架，机身截面为圆形。机组共有七人：投弹手位于机鼻，驾驶员和副驾驶员并排坐于机头，领航员和无线电操作员位于之后，机身中部和尾部各一名机枪手。机头有一挺7.62毫米活动机枪，由投弹手操纵；机尾一挺7.62毫米活动机枪；机背中后部设有一座可360度旋转的炮塔，装有两挺12.7毫米机枪，除此之外B-26在机身中部还串列设有两个弹舱，翼下以吊舱安装两台普惠R-2800双黄蜂引擎。为了达到军方的要求，上反角1.3度的机翼翼展仅19.81米，使其翼载荷高达259千克/平方米，超过了当时美国陆航的任何一款飞机。

在B-26前合影的士兵

## 实战表现

1940年11月25日，B-26成功首飞。在113小时的测试中，B-26的性能满足了军方所有要求。但由于高翼载带来的高起降速度以及飞行人员缺乏经

⊙ 战斗期间的B-26

验，B-26在服役初期事故率居高不下，为其招来“寡妇制造者”的恶名。不过后来随着改进设计和加强训练，B-26的损失率逐渐降低，直到1944年，已经成为了美国陆航损失率最低的轰炸机。

截止到二战结束，B-26累计出击11万架次，投放炸弹136078吨。包括美国、英国、自由法国、南非等在内的国家都曾使用。到1945年停产时，B-26共生产了5288架。

## B-29“超级堡垒”轰炸机

| | | | |
|---|---|---|---|
| 长度 | 30.18米 | 最大起飞重量 | 60560千克 |
| 翼展 | 43.06米 | 最大速度 | 574千米/小时 |
| 高度 | 8.45米 | 最大航程 | 5230千米 |

B-29“超级堡垒”（Super Fortress）是美国波音飞机公司设计的一款轰炸机，也是美国陆军航空队于二战战场的主力战略轰炸机。其不仅是二战时各国空军中最大型的飞机，同时也是集合了当时各种新科技的最先进武器之一。

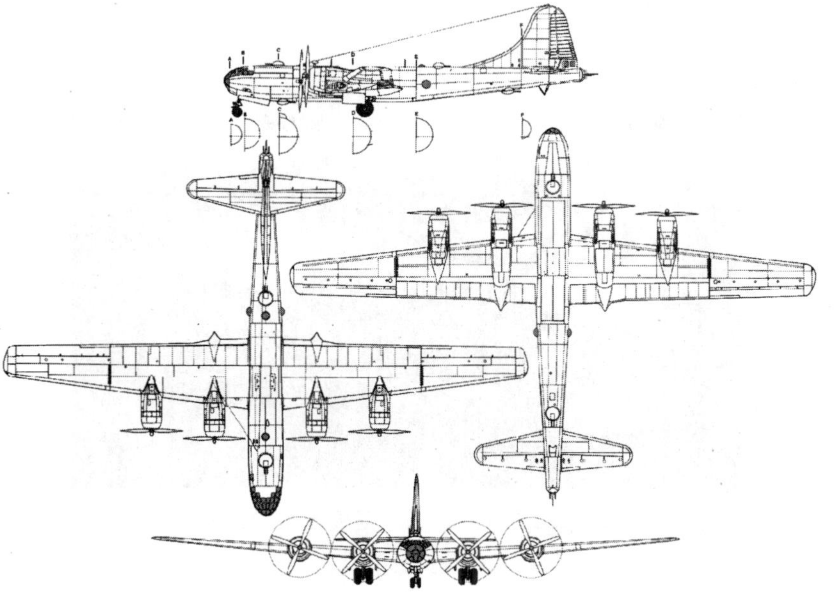

B-29“超级堡垒”轰炸机结构图

## 研制背景

生产车间中的B-29“超级堡垒”轰炸机

二战爆发后，美国陆军航空队再次提出了大型轰炸机的需求。另一方面，自波音飞机公司推出B-17“空中堡垒”轰炸机后，对这一类大型的轰炸机并没有停止研究，反而累积了许多设计技术和装配经验。在得到美国陆军航空队下达的任务后，波音飞机公司立刻采取行动，运用之前累积的各种技术、经验，以B-17“空中堡垒”轰炸机为蓝本，推出了B-29“超级堡垒”轰炸机。

坠毁在海面的B-29"超级堡垒"轰炸机

## 作战性能

B-29"超级堡垒"轰炸机侧面

B-29"超级堡垒"轰炸机各方面都比"空中堡垒"轰炸机更上一层楼，9000千克的载弹量、6000千米的航程、万米以上的实用升限，是二战中名副其实的"超级堡垒"轰炸机。当时轴心国大部分战斗机都很难爬升至B-29"超级堡垒"这种飞行高度。

## 实战表现

B-29"超级堡垒"轰炸机仰视图

美国陆军及海军陆战队在1944年占据马里亚纳群岛上的关岛、塞班岛及天宁岛，并开始在岛上修建机场。这些机场成为美军在二战最后一年空袭日本的基地。群岛上的基地可以由海路轻易获得补给。1944年10月12日，首架B-29“超级堡垒”轰炸机抵达塞班。首次作战是同月28日，14架B-29轰炸了特鲁克环礁。同年11月24日，岛上111架B-29轰炸东京。自此展开B-29对日本本土越加猛烈的空袭，一路直至战争完结方才结束。

战斗中的B-29“超级堡垒”轰炸机

准备执行任务的B-29“超级堡垒”轰炸机

# C-46“突击队员”运输机

| 长度 | 23.27米 | 最大起飞重量 | 22000千克 |
| --- | --- | --- | --- |
| 翼展 | 32.9米 | 最大速度 | 433千米/小时 |
| 高度 | 6.63米 | 最大航程 | 4750千米 |

C-46“突击队员”(Commando)是美国柯蒂斯-莱特飞机公司设计的一款运输机，二战期间被当作军用运输机，战争结束后被改造成了客运飞机，至今仍在一些国家服役。

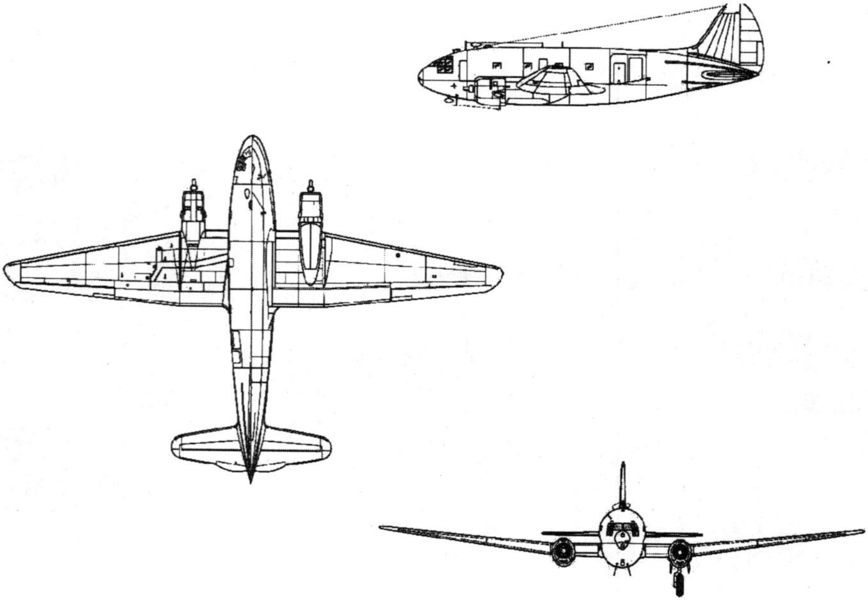

↑C-46“突击队员”运输机三视图

## 研制背景

在英国服役的C-46“突击队员”运输机

二战期间，美军为了将受伤的士兵安全地送回医院，进行治疗，同时也为了向前线部队提供充足的轻型火炮、燃料、弹药和食用物品等必备的军需物资，开始寻求一种大容量的运输机。此时，柯蒂斯-莱特飞机公司的CW-20客运飞机有着响当当的名声，关键是其各方面都较符合美国军方对运输机的要求。鉴于此，柯蒂斯-莱特飞机公司将CW-20客运飞机做了些许改进，打造成了用于军事行动的C-46“突击队员”运输机。

C-46“突击队员”运输机运输伤员

## 作战性能

C-46“突击队员”的高运载能力（2倍于C-47）、大型货舱门，强大的引擎和长程飞行能力使其适应太平洋岛屿战斗的广阔空间。尤其是美国海军陆战队发现其在太平洋两栖行动上非常实用，可以使用许多匆忙建造的岛屿临时机场运进物资运出伤员。

Ⓐ C-46“突击队员”运输机侧面

Ⓐ 远程运输任务中的C-46“突击队员”运输机

Ⓐ 执行空投任务的C-46“突击队员”运输机

## 实战表现

1940年秋，C-46“突击队员”运输机开始装备美国陆军航空队。在“火炬行动”（二战中美国、英国和加拿大在1942年11月8日至11月10日间登陆北非的军事行动）中，其将作战人员和装备运送到北非战场，证明了自身的远程飞行性能。

起飞准备中的C-46“突击队员”运输机

# C-47“空中火车”运输机

| 长度 | 19.43米 | 最大起飞重量 | 14000千克 |
|---|---|---|---|
| 翼展 | 29.11米 | 最大速度 | 360千米/小时 |
| 高度 | 5.18米 | 最大航程 | 2600千米 |

C-47“空中火车”（Skytrain）是由美国道格拉斯飞机公司（Douglas Aircraft Company）于二战期间设计的一款运输机，是当时盟军广泛采用的机种之一，并一直采用至20世纪50年代，时至今日，仍然服役于少数国家。

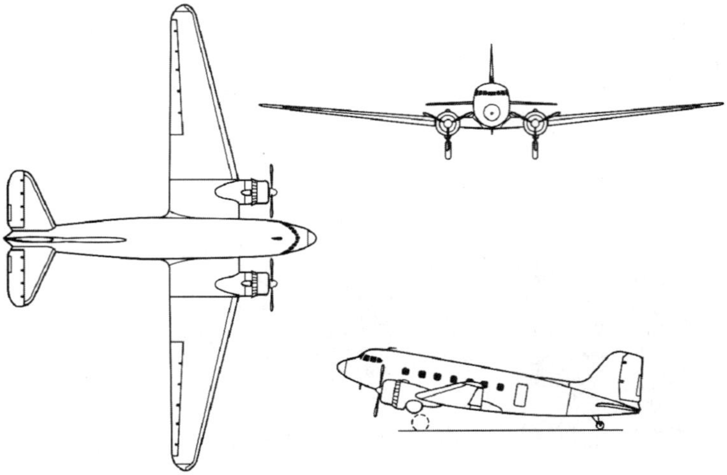

C-47“空中火车”运输机三视图

## 研制背景

美军士兵登上C-47“空中火车”运输机

C-46“突击队员”运输机服役后，其远程飞行性能毋庸置疑，但也有着不少缺点，其中包括运营费用高，维修保养困难等。同时，美军为了进一步增加空中运输能力，所以又开始寻找另一种运输机。之后，美国道格拉斯飞机公司将自己设计生产的DC-3客运飞机改造成了满足军方要求的C-47“空中火车”运输机。

C-47“空中火车”运输机头部特写

## 作战性能

基地中的C-47“空中火车”运输机

C-47“空中火车”运输机的结构和外形主要特征体现在：机身较短粗，呈流线形，机头上部为2～3人驾驶舱，后机身左侧有1个大舱门；机翼为悬臂式下单翼，两侧内翼前缘对称装双发动机；尾翼由悬臂式的中平尾和单垂尾组成；采用可收放后三点式起落架。

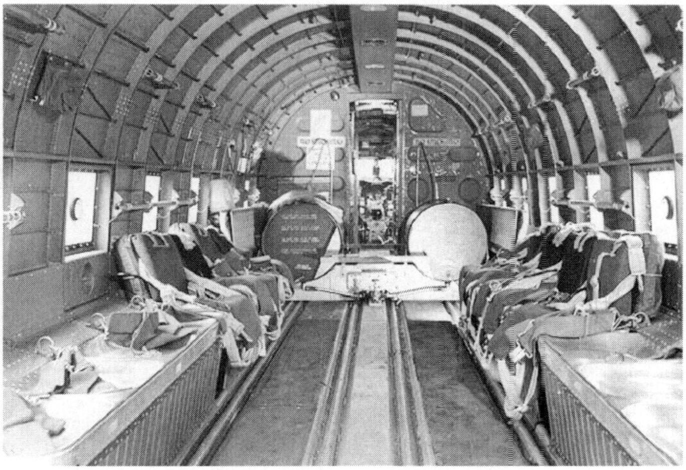

C-47“空中火车”运输机仓库内部

## 实战表现

装载物资中的C-47“空中火车”运输机

C-47“空中火车”运输机在二战时为盟军提供了高机动性的空中运输能力，在各场战役中被广泛采用，例如诺曼底、市场花园作战等。在二战末期，大量的C-53“空骑兵”（Skytrooper，C-47衍生型）在欧洲战事中担任空投伞兵及牵引军用滑翔机任务。二战后，C-47也曾继续发挥作用，如在1948～1950年苏联封锁西柏林通道期间，美国空军出动27700架次C-47执行空运物资任务。

临时基地中的C-47“空中火车”运输机

# TBD“破坏者”轰炸机

| 长度 | 10.67米 | 最大起飞重量 | 4500千克 |
| --- | --- | --- | --- |
| 翼展 | 15.24米 | 最大速度 | 331千米/小时 |
| 高度 | 4.6米 | 最大航程 | 1152千米 |

TBD“破坏者”（Devastator）是道格拉斯（Douglas）公司为美国海军打造的一款鱼雷轰炸机。当时，这是美国海军最先进的战斗机，甚至有可能是全球最先进的战机。然而，由于飞机发展速度太快，到日军偷袭珍珠港的时候，TBD“破坏者”已经过时了。

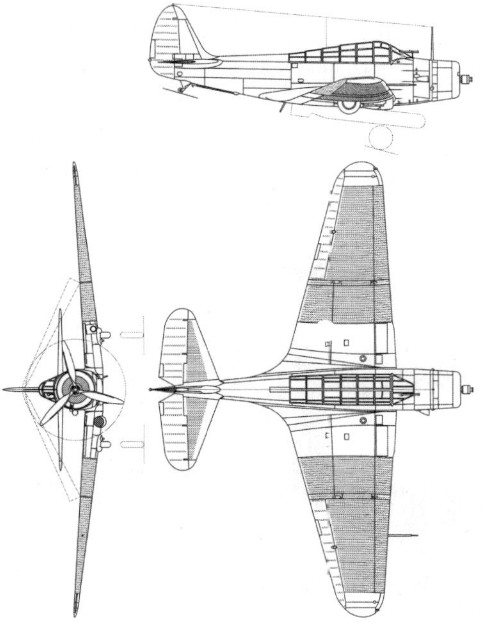

TBD“破坏者”轰炸机三视图

## 研制背景

生产车间里的TBD“破坏者”轰炸机

TBD“破坏者”轰炸机于1935年4月15日首飞，为美国海军创造了一系列“第一”的纪录：它是首款获得广泛应用的舰载单翼机，首款全金属舰载机，首款采用全封闭式座舱设计的舰载机，以及首款机械传动（液压传动）折翼机。公平地说，TBD“破坏者”是一款具有革命性的轰炸机。

即将起飞的TBD“破坏者”轰炸机

TBD“破坏者”轰炸机战斗编队

TBD“破坏者”轰炸机投放鱼雷

## 作战性能

TBD“破坏者”轰炸机有加装半伸缩式起落架，机轮在翼下凸出250毫米，把战斗机着陆时所受损伤降至最低。机组人员有3名，均位于大小基本相当于轰炸机长度一半的驾舱内。飞行员坐在前方，最后方为后部炮手/无线电操作员，而投弹手则位于中间。投弹时，投弹手倾躺，滑至驾驶员下方位置，通过位于机身底部的一个窗口，利用投弹瞄准器观察情况。

## 实战表现

美军舰队上空的TBD“破坏者”轰炸机

自1937年起，TBD“破坏者”开始装备于“约克城”号（“约克城”级1号舰）、“企业”号（“约克城”级2号舰）和其他级号航空母舰。二战爆发前，TBD“破坏者”轰炸机部队主要执行训练及其他任务，到1940年，美国海军意识到，该型机已经被其他国家的轰炸机超越，开始考虑开发新的机种。因此，TBD“破坏者”在二战的作为并不算大。

“企业”号上的TBD“破坏者”轰炸机战斗群

# SBD“无畏”轰炸机

| 长度 | 10.09米 | 最大起飞重量 | 4853千克 |
|---|---|---|---|
| 翼展 | 12.66米 | 最大速度 | 410千米/小时 |
| 高度 | 4.14米 | 最大航程 | 1795千米 |

SBD“无畏”（Dauntless）是道格拉斯公司开发的舰上俯冲轰炸机，主要于二战时期活跃于太平洋战场上。它与F4F“野猫”及TBD“破坏者”同为二战开战时美国三大主力舰载机。

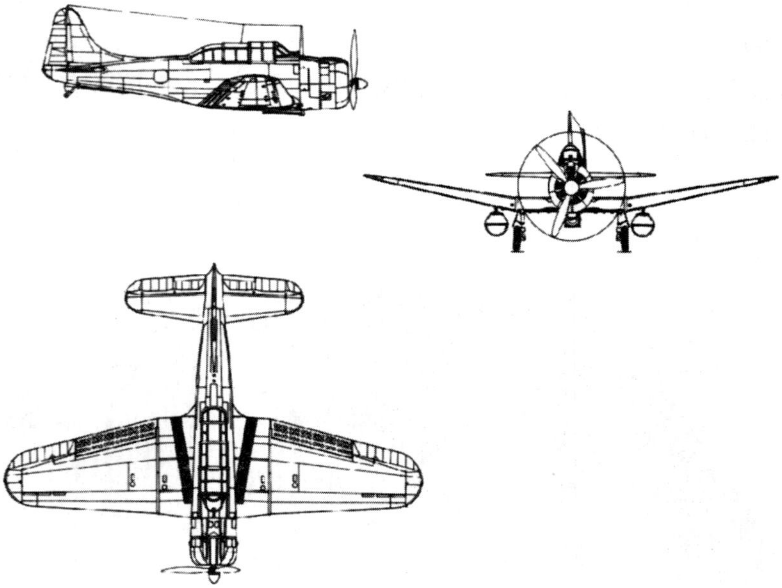

⬆ SBD“无畏”轰炸机三视图

## 研制背景

20世纪30年代，由于美国海军的需求和其他诸多缘由，道格拉斯与诺斯洛普公司（Northrop Corporation）开始合作开发了一款新型舰载机BT-2。后来因诺斯洛普公司退出研发团队，所以才将机型名称由原本的BT-2改为SBD“无畏”。这之后，道格拉斯开始进一步完善SBD“无畏”轰炸机的各方面性能。1941年服役的SBD-3改换功率1000马力的R-1820-52发动机、自封油箱与防弹装甲以及更大的炸弹挂载重量，增加的功率弥补新装备的重量，因此基本性能没有下降。1943年推出的SBD-5则是SBD系列的最终版本，换装了功率1200马力的R-1820-60的发动机及可以挂载副油箱的强化机翼以提升航程，同时增加航速。

装配车间中的SBD“无畏”轰炸机

等待飞行的SBD“无畏”轰炸机

## 作战性能

比起TBD“破坏者”，SBD“无畏”轰炸机的金属蒙皮技术更为成熟，并使用了穿孔式空气刹车襟翼。这种结构兼顾了强度与俯冲时机身稳定性，不像德国与日本的一些舰载机，必须额外加装副翼与固定式起落架来维持稳定。此外，SBD的收藏式起落架比起当时其他同类

离开航空母舰的SBD“无畏”轰炸机

舰载机减低了更多的风阻，虽然飞机重量高于国外同级产品，但仍能维持相同速度。

## 实战表现

在珊瑚海海战与中途岛海战当中，SBD“无畏”轰炸机创下了空前战绩，尤其是击沉了日本引以为傲的海上主力：“赤城”号、“加贺”号、“苍龙”号和“飞龙”号4艘航空母舰。至1944年，由于后继机种SB2C“地狱俯冲者”的战绩，SBD才慢慢退居二线。另外，由于英国的要求，SBD于1944年加入了英国皇家海军的行列，在北海对抗德军的U型潜艇。

掠过舰队的SBD“无畏”轰炸机

SBD“无畏”轰炸机战斗编队

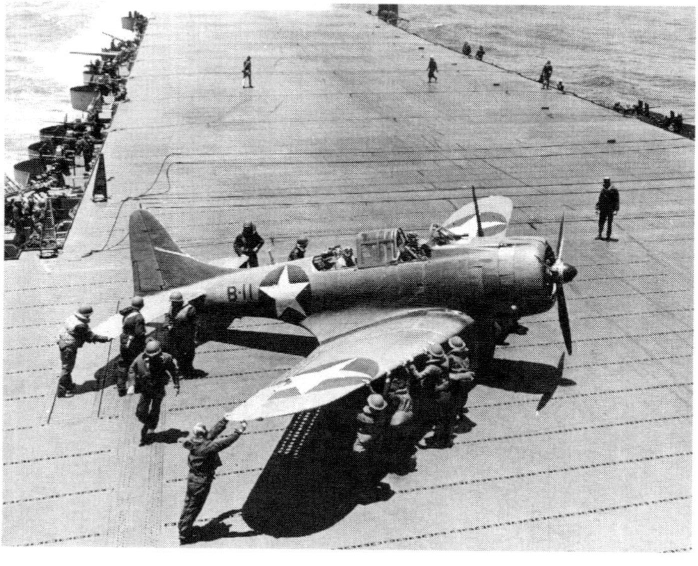

航空母舰甲板上的SBD“无畏”轰炸机

# TBF“复仇者”轰炸机

| 长度 | 12.48米 | 最大起飞重量 | 8115千克 |
| --- | --- | --- | --- |
| 翼展 | 16.51米 | 最大速度 | 442千米/小时 |
| 高度 | 4.70米 | 最大航程 | 1610千米 |

TBF“复仇者”（Avenger）轰炸机为格鲁曼公司开发的舰载鱼雷轰炸机，与SBD一样，该机也活跃于太平洋战场上。

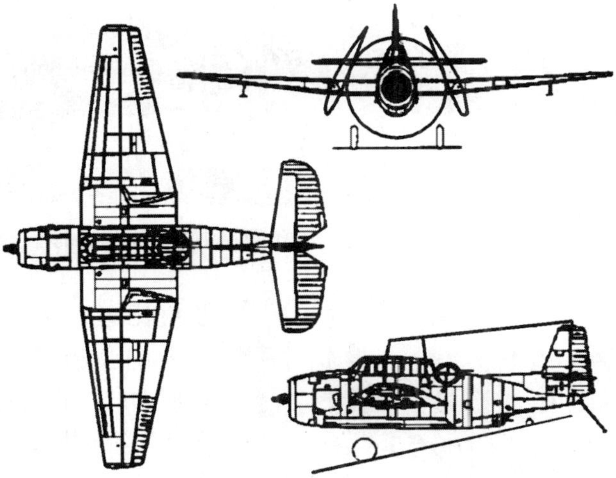

TBF“复仇者”轰炸机三视图

## 研制背景

1939年，由于现役鱼雷轰炸机TBD“破坏者”性能落后，美国海军便向各大航空制造产业公司征求新一代舰上轰炸机。最后格鲁曼公司出线，并在

疾速飞行中的TBF“复仇者”轰炸机

投放鱼雷的TBF“复仇者”轰炸机编

1942年进入量产阶段。1942年3月开始，因格鲁曼必须同时生产F4F“野猫”与F6F“地狱猫”战斗机，为了减低生产压力，便授权通用制造TBF，而通用生产的TBF则被称为TBM。

## 作战性能

比起TBD“破坏者”轰炸机，TBF“复仇者”轰炸机的性能有着明显大幅提升，除了加大马力的发动机外，新设计的流线形座舱配备防弹玻璃，机身的防弹装甲也前所未有地坚固。而机翼能够向上折起的长度比起其他型舰载机也长了许多，更减少了在航空母舰机舱内所占的位置。此外，TBF“复仇者”除了搭载1枚Mk13航空鱼雷之外，还可装载1个907千克或4个227千克炸弹。而襟翼配备减速板设计加上刹车减速板，更让它可以拥有更强的俯冲攻击能力，在战场上成为日本军舰的头号杀手。

高空中的TBF“复仇者”轰炸机

被敌机击中机翼的TBF“复仇者”轰炸机

## 实战表现

在航空母舰上准备飞行的TBF“复仇者”轰炸机

TBF“复仇者”轰炸机最早于1942年中途岛海战时登场，不过只有6架，再加上人员操作的不熟悉，所以当时并无建立任何战功。由于性能低落於TBD“破坏者”普遍被零式战斗机当成标靶，所以在中途岛战役过后，美国海军便全面将所有的航空母舰换装上TBF“复仇者”。随即，于第二次所罗门海战便击沉了日本的轻型航空母舰“龙骧”号，紧接着在瓜达尔卡纳尔海战也重创“比睿”号战舰。

TBF“复仇者”轰炸机投放鱼雷

二战兵器
图鉴系列

# 参考文献

# REFERENCES


[1] 陈艳．战斗机[M]．北京：北京工业大学出版社，2013.

[2] 比晓普．第二次世界大战中的航空母舰和舰载机[M]．北京：中国市场出版社，2013.

[3] 哈钦森．简氏军舰识别指南[M]．北京：希望出版社，2003.

[4] Christopher F.Foss．简氏坦克与装甲车鉴赏指南（典藏版）[M]．北京：人民邮电出版社，2012.

[5] 潘玉田，郭保全．轮式自行火炮总体技术[M]．北京：北京理工大学出版社，2009.

[6] 徐铭远，屈永红．现代兵器丛书——火炮[M]．北京：中国人民解放军出版社，2012.